你有多努力，就有多自由

清蓝◎著

U0810789

中国出版集团 现代出版社

一个年轻人如果要成功地沦为一个庸常的人，

最快捷的办法，

就是不加考虑地让别人的意见来指导自己的生活。

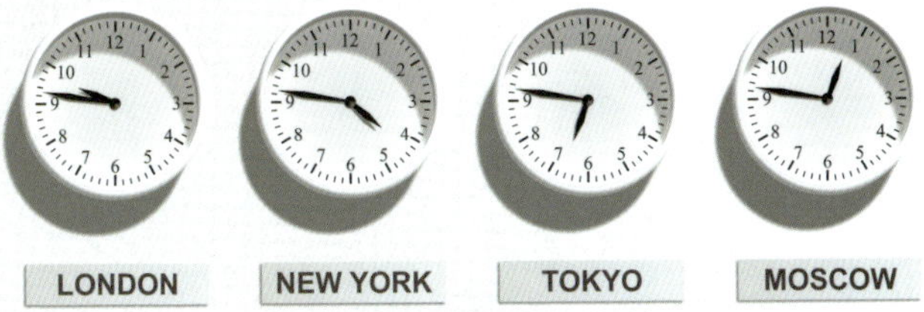

你有多努力，
就有多自由

你有多努力，
就有多自由

人生这么多关卡，

偶尔动了退缩的念头，既不丢人也不可怕。

重要的是，怯弱之后，你千万别放弃。

Victory won't come to you unless you go to it.

别怕扎了别人的手。

当你价值更高，哪怕你是一把刀，

别人也会把你攥得紧紧的。

带点棱角，才会光芒闪烁。

Victory won't come to you unless you go to it.

这世上其实没有所谓的“最好时机”。

最好时机不属于时间的概念，

它根本无法在时间刻度上被标示出来，

它不在未来不在过去也不在现在，

它只在于你的内心。

如果你不希望自己变得庸常，那你就得酷一点儿。

很多人会觉得酷只是一种外表的打扮，一种不苟言笑的气质。

但其实，真正的酷，绝对是内心的不妥协、不盲从。

真正成熟的人，必定是酷着的。

你要知道，并不是所有的人都是在爱中长大的。

在有些人的成长过程中，

遇到的冷漠、鄙夷、不屑、嘲弄、孤立、算计比爱多多了。

然而，又怎样呢？

别怕扎了别人的手。

当你价值更高，哪怕你是一把刀，

别人也会把你攥得紧紧的。

带点棱角，才会光芒闪烁。

自序

我曾经看到过这样一句话：世界如此宽容，你不必活得小心翼翼。这话说得很有道理，很多人不自觉地活得小心翼翼，很可能是因为曾在和他人的关系中受到过伤害，而忘记了世界宽容的样子。

因为受到过伤害，才会不由自主地“讨好”，以为只要讨好了每个人，就自然会得到他们的爱与尊重。但实际上，大部分活得小心翼翼的人，都被生活折磨得狼狈不堪，懦弱，卑微，挣扎。

生活的真相在于，只有将自己视若珍宝，才会被生活奉为上宾。真正活得自由自在的人，从不需要看别人的脸色。这不是因为这世界的眷顾，而在于你是什么成色，世界就给你什么脸色。

初中时，有一个外地的女孩转学到我们班上，她普通话很不标准，说话带着明显的外地口音。一个新同学到一个新集体时，周围的同学纷纷对他报以最友善和热情的微笑，这是理想中的情景。但在现实中，并不是每个人都那么秉持真善美的。班上就有人故意逗这个外地女孩说话，走到她面前向她借东西或者要她讲题，等她一开口，听到她那古怪的外地口音，他们就会乍然哄笑。女孩的脸每到这时都会变得绯红一片。

那时，在我所生活的小县城里，老师们讲课普遍没用普通话，而是用四川方言。外地女孩一句也听不懂。每到上课，我总看到她睁着一双茫然的眼睛，无所适从。但她不肯向老师提问，也不愿意向同学请教。她觉得只要她一开口，因为她的外地口音，全世界的人都会来取笑她。最终，她的成绩一路下滑，成为整个班级里垫底的存在。

她回家被家长骂，在学校又被同学看不起，就这样过了极其痛苦的三年。最后，她连普通高中也没有考上，只去读了一所职高，从此杳无音信。

直到5年前我偶然遇到她，才知道当时的阴影足足笼罩了她十几年，让她整个人生都受到了影响。她变得极其沉默寡言。因为总觉得别人会嘲笑她，所以不到万不得已她从不轻易开口。因为自卑，她无法和任何人做朋友，也不相信自己的能力。无论是工作还是生活，她都如履薄冰，小心翼翼。她从不敢当众发表自己的真实意见，也不敢主动去承担有挑战性的工作任务。多年来，她一直做着最基层的工作，拿着最基础的工资，像空气一般生存着，是所有人眼中无关紧要、若有若无的存在。

治愈她的，是她的男友。他对她说了一句话：不是每个人，都是你的初中同学。他带她出去旅游，从云南的一个小乡镇开始，到县城，再到昆明，到成都，到上海，到北京，到东亚，到欧洲，到世界。最后他握着她的手说：你看，这个世界这么大，别让一粒灰尘，遮住了你整个世界的阳光。自此，她才幡然醒悟。

世界是千奇百怪、姿态万千的，也是无限包容的。无论你怎么做，它总是很忙，没时间来嘲笑你，甚至来不及看你一眼。你又何必如此担惊受怕，如此小心翼翼？

别因为曾被世上一粒沙迷了眼，便觉得整个世界都是沙漠。其实它很宽容，足够容你尽情展现自己。

不要把自己的希望寄托在别人身上。寄托在别人身上，你就会一直委屈。当你想去干一件事的时候，请把别人的帮助排除在外。不是靠运气找到勇气，而是有勇气才能遇到运气。

2016年，我是混迹于普通人群中最普通的一个普通人。

2017年，在写了169篇文章后，我终于完成了我的第一本书。

这一本书之所以能够诞生，如果要追本溯源的话，我想，应该取决于我2016年4月2日的一个决定。

即使，一个人做某次决定不过就是生物学上的一次神经冲动，但站在2017年9月12日时间点上的我，依然会感激在2016年4月2日午间12点1刻于我体内产生的那次神经冲动。

在那一刻，我决定不再小心翼翼，而是开始相信自己。

在那一刻，我决定不再偷懒，不再贪图安逸，不再活成千篇一律的众人的模样。

在那一刻，我决定让自己老了之后不会后悔。

现在想来，那时的我是多么英明啊。

虽然我们都知道，未来一定会被现在所书写。但不得不承认，知道是一回事，做起来又是另外一回事。

在许多年以前，我也曾经是一个“知道”和“做到”完全各成体系的人。我常常会安慰自己：我知道啊，但是时间还有那么多啊，明天再做也不迟啊。但明天真的永远都是明天。直到我的女儿陈小星有一天突然对我说：妈妈，我越长越大，你会不会越来越老啊？

一直自以为还是青春少女的我这才悚然而惊。

有多少人，忙碌了一辈子，却只是在不停忙着“别人的事情”。等到老了，“终于可以闲下来”了，这才想要做做自己的事情，然而却很可能再也没有时间和精力来完成了。其实一个人生而为人，用几十年的时间去做一件自己想要完成的事情，不是理所当然的吗？

你值得把你的未来书写得更为美观。

在我写文章的过程中，总会收到一些读者的贴心安慰和支持鼓励的话语。这些支持和鼓励太重要了！如果不是你们的支持，我想这本书可能永远也不会出版，我写的文字也会像烟雾一样散失了。是你们给了我勇气和信心，给了我坚持下去的力量，也给我的文字赋予了现实的意义。

感谢喜欢我的每一位读者，请一定要记得：“你有多努力，就有多自由”才是不变的真理。愿我们从此都不再小心翼翼，愿我们从此都能够活出自己的精彩，更愿你不卑不亢，也有岁月打赏。

目录

你越小心翼翼，越是无足轻重

O1

以前，我看过一篇文章。作者在里面讲了她在法国留学时候的一件事情。

当时，她去买裤子，走进一家商店，拿起一条裤子怯生生地问店员：“可以试穿吗？”店员态度相当轻蔑，说：“可以。”

她试穿后发现不合身，便又去拿了大一号的，再次询问可不可以试穿，店员此时已经超不耐烦了：“可以！”

结果仍然不合身。

当她再次拿起大一号的裤子想要试穿时，店员却直接拿走了它，并指着她说：“你不可以再试穿了！”

她当时全身冷汗直冒，恨不得钻进地缝中，为掩饰窘迫，只得买下了一条十分昂贵的项链，由此导致的结果是，之后的一个月她只能啃干面包。

其实，发生在留学生身上的事，也在我身上发生过。

当年，我还很稚嫩，跑到隔壁寝室借“热得快”。我很乐观地以为，大家都是热心肠的同学，帮个忙不过是小 case，却忘了平时几乎没和她们交往过，哪来的什么深厚的同学情谊。

我推开她们寝室的门，一眼看到所有人都戒备地望着我，我突然不知所措了，一下子紧张得不得了，说话的声音变得又细又小：“可以借一下你们寝室的‘热得快’吗？”

没有人应声，她们都诧异地看着我。我于是更窘迫了。

最后，几个同学冷漠地摇了摇头。我觉得无比丢脸，不等她们摇完，扭身就跑了。

回去后我很郁闷，觉得不过就是向她们借一个“热得快”，又不是求她们散钱，更不是请她们救命，至于摆出一副高高在上的姿态吗？于是，我得出的结论是她们人品太差了！

后来，当我在社会上累积了一些经验，再回想当初的事情才知道，有时候别人摆出一副高高在上的姿态，还真不是别人的错，而是你先把自己摆在了一种低姿态上。

虽然看不见当初自己的样子，但想必一定是一副畏畏缩缩、尴尬而不自然的表情。

这时，别人看你的眼神冷漠又奇怪，也不足为奇了。

文初提到的法国留学生也在后来明白了，为什么别人可以不断试穿，而她却要被店员鄙视？

是因为她怯生生的态度，以及对自我的轻视，都在告诉店员："你可以欺负我！"

02

生活中常常有这样一类人，他们心地很好，人品也不差。

他们也很聪明，总是费尽了心思，小心翼翼地努力去猜测别人每一句话里的含义，力保自己说出的话，不会得罪任何人。即使说错一句话，也会让他们懊恼许久，自责许久。

他们也相当懂礼貌，见到所有人都热情地打招呼，别人也报以微笑，看上去似乎混得还不错。但其实，点头之交已经是他们和别人关系的极限了。

虽然他们为了考虑每个人的感受，费尽心机，常常弄得自己很累，但结果却总是被所在的群体若有若无地排斥、孤立、冷淡。像是有一面无形的墙，阻挡住了他们和他人关系的更进一步发展。

所以，在一个群体里面，常常是其他人都已经交往到一定的深度了，他们还依然和每个人维持在点头之交上。他们很苦恼，不知到底是哪里出了问题。

说到这里，我觉得有必要讲讲我妈了。我妈是个社交达人，在现实生活中混得风生水起。

两年前我才把她从家乡接出来，可现在她对这个城市的熟悉度远远高于我，在这个城市建立的人脉远远强于我。

我现在出门，都要靠她来指点路线。无论我说的地方有多么偏僻，她都一脸云淡风轻：哦，某某嘛，上次我才和X姐去过，你走哪里哪里就到了。

在这个城里我生存了十年，结果现在她是城市达人，我是外来打工妹。

而且，永远不停有人往我家送礼物。今天是张姐送了我家牦牛肉，明天是李姐送了我家车厘子，后天是罗姐提上来两篮土鸡蛋……

关键是，我妈既不是土豪，也不是身居高位，她就是一个普普通通的中老年妇女。更关键的是，我很少看见她送别人礼物。可别人就是奇了怪了，有好处都要想着她。

我一直觉得她的人格魅力是个谜。有次就向她请教人格魅力养成大法。结果她说：一人在群体里面一定要有特点，不然，别人凭什么记住你呢？别人连记住你都不能，又怎么可能喜欢你呢？

原来我妈无论在哪个群体里面，总是第一个发表意见，她说她才不管她的意见有没有照顾到每个人，有没有令所有人都满意，更重要的不是意见本身，而是说出自己看法这件事。

只有说出了自己真实的看法，你才是最真实的一个人。

03

在电影中有很多的群众演员，他们或许出现的频率并不低，但是，你喜欢过哪个？

让我们喜欢，让我们恨的，不总是那活生生的主角和大反派吗？

为什么我们对他们印象深刻？为什么群众演员都是面目模糊？因为主角们都真实。他们真实，就在于他们拥有自己鲜明的个性。

在生活中，一个人如果因为太顾虑别人的看法，而模糊了自己的个性，那么他在别人的眼里，其实就是一个群众演员。

有一句话说：有多少人恨你，就有多少人喜欢你。换句话说，没有人恨的人，肯定是没有人喜欢的。别人喜欢你，是因为你身上具有的某些特质惹人喜欢。同样地，别人讨厌你，也是因为你身上的某些特质让他觉得不爽。

奇特的是，往往一个人身上的同一种特质，有些人就是喜欢，有些人就是讨厌。如果你害怕被别人讨厌，那也意味着，同时你也拒绝了一些人的喜欢。

其实，你大可不必为了讨好别人戴上面具。你企图面面俱到，结果必然面目模糊。你怪别人记不住你，存在感低，那你要想想，你有没有让别人记住的特点？你把自己藏在了厚厚的面具里，你的存在感就轻飘飘得像一个幻影，可有可无。

你挖空心思想要让每一个人都满意，却收效甚微。因为这个世界上，无论你怎么做，总会有人不满意。就像我们写文章，你写鸡汤，有人说你媚俗，你写干货，有人说你无趣，你写玄幻网文，有人说你低级，你写严肃文学，有人说你古板；你接地气一点儿，有人说你像女流氓，你文青一点儿，有人说你做作，你脑洞大开，有人说你无聊……

你看，永远有人不满意。那你何必为了别人的目光，把自己变得如此卑微呢？

讨好别人、迎合别人，别人就会喜欢你？

真相是：你越小心翼翼，越是无足轻重！你放低了自己，抬高了别人，他们都看不到你了，何谈喜欢你啊？就像文初的那位法国留学生和学生时代的我，为什么会那么畏畏缩缩？还不是因为我们太在意别人眼里自己表现的原因？

我们生怕说话的声音太大、姿态太高傲，会令对方不喜欢。于是，我们通过身体语言和说话声音特别强调了对对方的尊重。然而，过度的尊重就变成了自己的卑微，此时，我们已经把对方摆在了过于夸张的高位上，他忽视甚至鄙视我们，也都不足为奇了。

所以，你心地很好，你人品不差，你很聪明，那就别把聪明浪费在面面俱到上了，你又不是人民币，做不到人人喜欢。

把你的个性真诚地展现出来，坦坦荡荡做自己，不用怕得罪人，自然就可赢得某些人的喜爱和尊重。至于那些不喜欢你的人，你又何必浪费精力去理会他们呢？

带点棱角，才会光芒闪烁

O1

你见过滚着走的人生吗?

小时候，男孩子们经常玩一种游戏。把一把玻璃珠子往地中间一摆，眼睛一瞄准，手指一弹，玻璃珠就飞快地滚了出去，相互碰撞，一下子可以滚出老远。如果地面非常光滑，或者有下坡路什么的，那珠子的速度简直了，人跟在后面常常拼了老命都追不上。

眼看着前面就是一条臭水沟，那些珠子们却依旧滚得喜气洋洋，“扑”一声勇猛地跌到臭烘烘的水沟里，踪迹难寻。还有一些玻璃珠，玩着玩着，就不知滚到哪个黑漆漆的角落里去了，再也找不到。

弹珠总是一边玩一边丢，越玩越少。

几年后搬家，总会在沙发角落里，或者脏兮兮的柜子底下，发现那么几个沾满了灰尘的珠子。就算你把它捡起洗干净又拿来玩，又很快会再度滚到不见。它们总是从高处滚到低处，再从低处滚到看也看不见的角落。它们总是特别偏爱黑暗肮脏的地方，任灰尘布满身体。

我们想要把它们从高处弹到低处很容易，它们骨碌碌滚得飞快。但如果我们想把它们从低处弹到高处，那就简直太困难了，无论你多么用力，它们总是懒洋洋冲上一段后就用更快的速度哗啦啦滚下来。

让它们上坡比让它们下坡难上百倍。这就是玻璃珠的人生。

02

这世界上有一种人，他们过着和玻璃珠相似的人生，他们非常害怕与人冲突。

小时候，害怕与父母长辈冲突，为了让父母长辈高兴，他们会惟妙惟肖地扮演一个和自己真实个性完全不同的角色。

比如，父母喜欢他们“听话”，他们就会在父母面前表现得非常“听话”。但为什么要“听话”呢？他们说：I don't know。他们只知道，假如他们“听话”了，父母就会很高兴。他们和父母之间，就不会有任何冲突，关系会相当融洽。倘若父母喜欢他们“活泼机灵”，他们就会扮演一个“活泼机灵”的角色，目的同样是讨大人欢心，让大人可以喜欢自己。但真实的他们，可能不喜欢闹腾反而喜欢安静。

稍微长大一点儿，他们又开始扮演起“伙伴想要的自己”。

比如，小伙伴们喜欢他们顺从一点儿，为了维持和伙伴间的友谊，他们就会压抑自己的个性，扮演得非常顺从。即使小伙伴们老是玩一个他最讨厌的游戏，他也从不敢说出自己真实的看法和建议，反而还把这个游戏在表面上玩得相当嗨。

再长大一点儿，他们小心翼翼扮演起“恋人想要的自己”。

比如，女朋友说，我最喜欢男人稳重一点儿了。他们就开始竭尽一切所能扮演起“稳重的男人”这个角色。至于他们真实个性是什么，扮演各种角色久了，恐怕连他们自己都搞不清楚了。比如，男朋友说，女人应该小鸟依人一点儿。她们听了后就开始扮演起“小鸟依人的女人”的角色。但潜意识里，她们可能并不喜欢这个角色。

工作中，他们的演技更娴熟了，内心也更压抑了。

上级派下来的任务，哪怕觉得并不合适，他们也绝对不敢对上级直言，反而还表现得相当和顺积极。因为怕和上级产生冲突。同事无原则推给他们的任务，哪怕内心觉得超级不爽，他们也从不会说出拒绝的话，反而表现得相当和善热心，因为怕和同事起冲突。甚至哪怕是对着下级，他们也因太顾虑每个人的想法而殚精竭虑。他们好像得了一种强迫症，必须要处理好每一段关系，不得罪每一个人。倘若做不到，就无比焦虑，无法安心。

他们害怕失去父母的疼爱，害怕失去朋友的友情，害怕失去恋人的爱情，害怕失去和同事间良好的关系。因为害怕失去，所以他们在每一段关系里，都把自己放在了相当卑微的位置上。他们认为，只有把别人“供起来”，满足他们一切要求和愿望，他们才不会离开自己。所以，他们削掉了自己所有的棱角，把自己打磨得像颗玻璃珠子一样圆滑。

他们以为，只有够圆滑，捏在别人手里，才不会扎了别人的手，让人不舒服。为了得到他人永远的“爱”，他们只好不爱自己。他们小心翼翼讨好每一个人，因害怕失去而变得惶恐。这样的人生，就是一个“滚着走”的人生。

03

滚着走的人生其实就是一个无条件顺从着别人的人生。就像玻璃珠自己不会走，需要被人弹着走。滚着走的人，也总是需要借助

“他人的力量”。表面上，他们似乎是因为重情重义，才对“人”和“关系”相当珍惜，但本质里他们害怕的其实是“孤独”。他们缺乏独自一人的勇气，总是要把自己放在人群中，才会觉得安心。

为了处在人群中永远地不被排斥，他们宁愿舍弃所有自我意识，而被群体意识牵着鼻子走。所以他们滚着走，归根结底是因为内心不够强大。之所以要讨好每一个人，不得罪每一个人，是因为他们的安全感，完全是建立在和别人的关系之上的。

和别人关系融洽，他们就觉得安心。关系不好，他们就觉得焦虑。但其实，这世上最不稳固的东西，就是人与人间的关系了。因为良好的关系总离不开两个人的共同维持，所谓一个巴掌拍不响，你可以尽己所能处理好自己这部分的关系，但是别人的那部分呢？你能控制别人的行为吗？不能。只要别人想要改变，你根本毫无办法。

倘若你将安全感完全建立在和他人的关系上，就注定了你会永远生活在惶恐之中。因为稳固的关系，根本就是一个神话。既然关系不可掌控，那何不放开手？其实，真正稳固的安全感，只存在于你自己身上。真正的安全感，就是你个人的价值。你不能控制别人的行为，但你能控制你自己的。磁铁从来就不是自己追着去黏在铁钉身上的，它就往那里一站，铁钉们就会屁颠屁颠地飞过来，扯都扯不掉。

为什么呢？因为磁铁有磁力。它从不用委曲求全，只要它还有磁力，铁钉自己就会跑过来。磁力越强大，引来的铁钉也就越多。

所以，真正稳固的关系，其实是建立在你的个人价值之上的。

你一点儿价值没有，以为小心翼翼讨好别人就能令关系融洽吗？事实是你越讨好，别人就越觉得你不重要。当你价值越高，你根本不用怎么费心维护，你和他人的关系也会变得像碉堡一样坚不可摧。

而个人价值的累积，永远离不开棱角，离不开冲突和摩擦力。

玻璃珠把自己打磨得没有一点儿棱角，和周围的环境没有一点儿摩擦，结果它从来爬不上坡，反而往低处滚得飞快。因为它太“圆”了，与周围的摩擦力太小了。事实上，只要你想往高处走，摩擦力是必备的前提。

我们为什么能登上高山？因为有摩擦力。我们为什么不会从高处滑下来？因为有摩擦力。

摩擦力从哪里来？就从你的棱角上来，就从你的棱角和环境的冲突上来。没一点儿棱角的人，只会往下滑。保留着一定棱角的人，才会把棱角深深扎于土中，让自己一步一步稳固向上。汽车的轮胎再圆，也离不开增大摩擦力的花纹，甚至在冰雪天还需要挂防滑链，因为只有这样，它才会安全地爬上高地而不至于在半山腰就滚入峡谷。

所以，你还在人群中琢磨着怎样才能把自己打磨得像一颗玻璃珠吗？

玻璃珠不扎手，握起来舒服，但人们玩一阵子，丢了也就丢了，甚至不会心痛。而棱角分明的钻石却会被人们无限珍惜，丢了一颗就痛心疾首。

玻璃珠没有棱角，所以它是透明的。钻石带着棱角，才能光芒闪耀。而棱角之所以会被保留，离不开孤独的力量。人群那么喧闹，你是不是还在不自觉地扮演他人喜欢的某种角色，而忘了你是谁？

只有当独自一人的时候，你才有可能看清楚你自己的样子。只有独自一人的时候，你才有可能摘下你那个圆滚滚的面具，露出你本来的棱角，静静地光芒闪烁。

别怕扎了别人的手。当你价值更高，哪怕你是一把刀，别人也会把你攥得紧紧的。

带点棱角，才会光芒闪烁。

其实，我就是不想成为你的同类

01

我有一个同事笑笑，她的男朋友叫小饼。他和笑笑是大学同学，两人从同一所学校毕业，但是由于小饼在校时表现得太渣，所以就业的竞争力完全比不上女友笑笑。笑笑很快就找到了工作。但小饼就惨了，正式毕业都大半年了，工作还是没有任何着落。

此时，笑笑已经转正，工资都涨了一大截了。笑笑安慰小饼：没关系，我工资也够两个人花的了，你也不要着急，慢慢找吧。小饼太感动了，于是完全遵照笑笑的指示，真的慢慢找了。

周末，笑笑看小饼窝在房里看碟，就劝他：现在去人才市场看看，说不定有适合的工作哦。小饼表示不想去，并纳闷地责问笑笑：你不是说要我慢慢找吗？你是不是嫌我了？笑笑怕伤小饼自尊，就不再催他。

小饼被养惯了，后来干脆连工作也不找了，整天窝在家里打游戏。笑笑每天辛辛苦苦上班，完了还得买菜做饭，像伺候大爷一样伺候小饼。

时间长了，笑笑也有了怨言，有了分手的想法。小饼却在这时提出结婚。

笑笑一时不忍，两人毕竟在一起好几年了，说分还真是舍不得。笑笑说，结婚先不忙，你找到工作再说。小饼说，你什么意思？笑笑说，你想结婚，有钱吗？没钱结什么婚？

小饼不以为耻，反而说，没钱就不能结婚？办个结婚证才多少钱？我哥们儿和他老婆结婚，不就扯了个证？房子都还是租的。你看看别人，现实一点吧，大家不都这样过的吗？笑笑说，可我就是想要新房子，就是想要办酒席！办张结婚证就想娶我？我没这么廉价！

小饼说，你想要房子酒席，叫你家里出钱啊，我哪来的钱给你办酒席买房子？你又不是不知道我家里的情况！笑笑快气死了，下了决心和小饼分手。

小饼看了笑笑一眼说，得了吧，你这样的，除了我，谁还肯要你？你还是现实一点儿吧，别到时弄得没人要。笑笑说，我没人要也不找你。

几年后，“没人要”的笑笑嫁给了一个客户。那位客户仪表堂堂，优雅有品，经济实力雄厚，哪是小饼那个渣男可以比的？

02

有多少人对你说过这句话：现实一点儿吧，大家不都这样吗？

在普通大学的你想要努力学习，考个好点的研究生，还想出国留学，周围的人一脸哂笑：凭你？别做白日梦了。你还是踏踏实实想想怎么找个糊口的工作吧，人要现实一点儿，大家不都这样吗？

你去相亲，对方却是个浑身散发着猥琐气质的恶心男。你表示拒绝。介绍人一脸不屑：凭你的条件，不是只配得上这样的吗？你现实一点儿吧，你看某某和某某不还是在一起了？大家不都这样吗？

你的男友从来不发你照片到朋友圈，有次破天荒发了一张，你一看，我的天啊，这么丑的照片究竟是怎么拍下来的？你表示抗议，男友一脸不屑：你不就长这样吗？现实一点儿吧！

你在朋友前表示一下对某位成功男士的倾慕，朋友一脸不屑：就凭你这样，也就是某某（某猥琐男）配你了，别人那么优秀，你别做梦了，现实一点儿吧！

你去应聘工作，回来后信心满满，表示对面试成功的把握很大，他人一脸不屑：别人肯要你？某某公司（某个很差的小公司）能要你就算不错了，你现实一点儿吧！

你想要趁年轻追求一下梦想，他人听了简直没笑掉大牙：梦想能当饭吃吗？别天真了。我们都不过是普通人，大家都是混吃等死而已，你找个能把生活过下去的工作就不错了，现实一点儿吧，大家不都这样吗？

“现实一点儿吧，大家不都这样吗？”“我现实啊，现实你大爷啊！”

其实这句话有两层含义。第一层含义反映着说话人潜意识里的自卑，后一层含义则完全是说话人的自我安慰。

正是因为他们如此平庸，如此自卑，所以他们也必须要让你和他们一样平庸。只有他们周围的人都和他们一样过着“平庸”的生活，他们才能慰藉自己平庸的状态：看，不是我一个人这么平庸，是大家都这么平庸啊。

“大家”的平庸让他们忽视掉自己的平庸，所以他们心理平衡了，可以心安理得地继续混吃等死下去。可是，当身在他们周围的你，居然表示出“想要不平庸”的企图，会让他们瞬间意识到你和他们不一样，或者你想要和他们不一样。

他们会产生恐慌。此时，他们绝对不能容忍身旁的你，会变得比他们优秀，所以，他们必须要打击你。

他们自以为用“我们”“大家”就可以成功把你归为和他们一样的同类。

以前，我有个学渣同学，她对所有的人说的话都是这样的：

——今天，我们又逃课了。

——这次考试，我看我们都过不了。

——我们从来不去图书馆。

——我们面试都失败了。

其实，明明是她自己逃课，考试过不了，从来不去图书馆，面试失败，但她非得说成“我们”，无条件把她周围所有人都划进去。为什么呢？

因为这样说，犯错感、失败感就在无形中被更多的人分担了，最后落在她身上的感觉就自然而然变轻了。

所以他们说话，向来都是“大家”“别人”“我们”……

他们最擅长做的事情，就是把他们的失败感、平庸感无条件放在别人的肩头，一起来替他们分担。只要说了“我们”，他们就瞬间轻松了。

——我们就不都这点儿水平吗？

——我们不都是普通人吗？

——我们不都被生活所迫吗?

他们从来不敢说：

——我不就这点儿水平吗?

——我不就是个普通人吗?

——我不就被生活所迫吗?

只要改一下表达方式，你看，效果明显就不一样。他们凭什么要把自己的自卑，无条件地让我们替他们分担?

O3

“现实一点儿吧，大家不都这样吗?”没有比这更加苟且而无耻的话了。这句话简直把苟且上升到了自豪的高度。

你不作为，不代表我也不作为；你自甘平庸，不代表我也要自甘平庸；你将就，不代表我也必须将就；你没梦想没追求，不代表我也没梦想没追求。

群里有个网友，她第一次高考，只考了个专科。父母老师同学朋友都劝她去读，说她能考这样不错了。她妈妈的原话：你成绩一般，天资有限，能考上就不错了，凭你难道还想考清华北大?别做梦了。她坚持复读了一年，结果还是专科。嘲笑如潮水般涌来，她妈怒了：

你别再丢人现眼了，现实一点儿，大家不都这样？她还是坚持没去读。再次高考，她考了个一般的大学本科，忍耐着众人揶揄的眼神，她咬牙去读了。

在大学里她一刻也没放松，因为她的目标是北大研究生。大学毕业后，她考上了。她说，如果当时听了她妈的话，真去读了专科，表面上看起来似乎也没什么，但其实那已经代表着对“现实”的一种妥协。从心理上来说，她就输了，也许就不会再有那么大的决心去考北大研究生。

什么是现实？某些人口中所谓的现实，不过就是他们的平庸现状。某些人口中所谓的大家，不过就是和他们一样自甘平庸的人群。

没有比嘲笑梦想更恶意的行为了，没有比歌颂平庸更卑贱的姿态了。

你以为你守着的是现实？因为现实不可改变，所以你才不得不平庸。看起来你好无辜，实际只是你根本不想也不敢改变现状。你根本就不想付出，也舍不得努力，更害怕失败，所以你的现状才如此不可改变。你的现实，完全就是一块石头，僵化成只会压在你身上的石头。

但其实现实是水，只要你努力地游，总有一天它会送你到上游。一辈子随波逐流的人，永远无法看见上游的风景。

你周围的人不停劝你将就、凑合，大家都这样，是因为他们自身的现实早成了牢牢压住他们的石头，他们不甘一个人如此，便想拉更多的人来陪伴。

其实，我就是不想成为你的同类，我就是要把你抛下，我就是不想成为你的“们”。因为你的现实，不等于是我的现实。别把你们的自卑，强加在我的身上。我不是你们的同类，我没必要用我的人生去帮你减轻自卑。

所以，你继续你的怨天尤人，自甘平庸，我继续我的沉默不语，勇往直前。你别恶毒，我也没必要愤怒。

不是我在炫，而是你太爱现

01

多年前，我刚刚大学毕业不久，什么都没有。没车，没房，没钱，没男友，只有一颗很傻很天真的心，还有围绕着这颗心的迟钝神经。

有一次，我被派往某地办事，有一个同事很好心，见我没车不方便，就说：也不远，我开车送你吧。

我感激涕零，但我们相当倒霉，车还没开出城呢，就被另一辆车给撞了。还好，因为速度不快撞得并不严重，我和那位同事都没有受伤，但却被吓惨了。

过后，我把这件劫后余生的经历在网上讲给一个朋友听。我想向她表达这样一个主题：差一点儿我就挂了，就不能和你说话了。因为直奔主题的需要，我省略了那个同事。

她静静地听我说完了，问了我这样一个问题：是什么车呢？

我说是宝马 X3。

她发过来一个“哦”，随即就不说话了。

之后我再找她说话，她也总是推托有事很忙，或表现出毫无交谈的兴趣。

反射弧超长的我直到几天之后才终于反应过来，原来她是以为我在借机向她炫耀。我讲了那么多关于此事的感慨，讲了我眼睁睁看着车撞过来的惊恐，我只是想和她分享这样一个经历，结果她什么都没听到，就注意到了这个事件中的一个冷冰冰的道具——车。

她以为我是在借此向她传达这样一个信息：你看，我有车，还是宝马 X3啊。我感觉自己比窦娥还冤啊。

02

生活中有这样一类人，他们的认知好像就一个主题：你在炫。

不管你说的是什么，他们总是习惯性地忽略你所要表达的中心思想，只注意到你话中提到的可有可无的标签。

比如，你们聊天，你说：现在油好贵（纯感慨）。她就说：你开好车当然更费油了（还不是为了炫耀你的车）。

你说：今天天气好热啊，好想赶快回家吹空调（纯感受）。她就说：知道你又买了一套大房子（还不是为了炫耀你的房）。

你说：请问你是怎样把你小孩教育得这么懂事的（纯请教+称赞）？她就说：你小孩读名校你还向我请教（还不是为了炫耀你小孩的学校）？

你说：最近快累死了（纯感慨）。她就说：你升职了吧（还不是为了炫耀你又升职加薪了）？

还能愉快地聊天吗？

总之，不管你聊什么，有的人总有把一切统统归结到“你说那么多，还不是为了在我面前炫？”这个唯一主题上的能力。

你明明和她探讨的是衣服的款式和搭配，她总能扯到品牌。

你明明是真诚地向她推荐某地的特色菜品，她总是能扯到饭店的名字。

你向她推荐书和电影，她以为你是在炫知识。

连你吐槽一下你的破提包，她也以为你是为了要换一个名牌包包在她面前展示了，让她先做一下心理准备。

朋友圈你随便发张照片记录一下生活，她总能找出其中所谓的

“亮点”。

你发在咖啡馆的照片，她的心理活动：喝杯咖啡还拍张照？好像谁没去过星巴克似的。其实你只是约了朋友在等人很无聊随便拍了张照。

你发在某饭店吃饭的照片，她的心理活动：吃顿饭还拍张照？还不是为了炫耀你是在某某饭店吃的饭。其实只是你一个朋友过生日，大家一起拍张照纪念一下而已。

你发在家里的照片，她的心理活动：旁边的包包故意拍下来，还不是为了炫耀那是某某品牌。其实你只是拍照的时候忘了把包拿开。还有那包很高端吗？明明是山寨包而已。

你发张无背景自拍，她的心理活动：还不是为了炫耀你的衣服品牌？

你换一件地摊货自拍，她的心理活动：还不是为了炫耀你的衣服款式？

你再换一件没有款式的，她的心理活动：还不是为了炫耀你的身材？

连你不发朋友圈，她也有心理活动：搞这么神秘，还不是为了炫耀你的低调？

……

你是不是很想说：姐姐们啊，不要把我想得这么高端。要心机这么高难度的技能，臣妾真的无法拥有啊。

O3

我看见过某篇文章上说，所谓发朋友圈的正确姿势，就是如何低调奢华有内涵地通过拍照角度、物品，说话的语言，来达到无声胜有声地炫、炫、炫的目的。

那篇文章看得我想要吐血，神经比较简单的人发朋友圈，不就是记录一下自己的生活、心情和感悟的吗？哪有那么无聊费尽心机就为了炫啊？

花式炫耀的人毕竟是少数，大多数的人，其实本质都是简单的。如果在你眼里只看到人人都在炫，那只能说明你人比较偏执。

只能靠炫耀才能获得自信的人，才会觉得别人一举一动都是在以炫耀为目的。

一个人是怎样的人，在他眼里的其他人也就是怎样的人。一个光明磊落的人，在他眼里人人都很光明磊落；一个黑暗猥琐的人，在他眼里人人都很黑暗猥琐；一个简单的人，在他眼里人人都很简

单；一个复杂的人，在他眼里人人都很复杂。

所以，你要知道一个人是怎样的人，去看他眼里的众人是怎样的人就知道了。

觉得别人时时刻刻都在炫耀的人，必然也痴迷于研究各种花式炫耀的方法。但真正的自信，从不依靠外物。依靠外物才能获得自信，不是真正的自信。

所以，如果有人认为你是炫耀，一笑置之即可。那本就不是你在炫，而是他们太爱现。

他为你雪中送炭，却也盼着你落魄潦倒

01

我以前教过的一个学生 C，毕业后自己和朋友创业，公司业务发展蒸蒸日上。前两天和他在网上聊了几句，他说："老师，你还记得 M 吗？"

我说记得啊。

他不无寂寥地说："你知道吗？最近我们闹掰了，朋友变成仇人了。"

M 是 C 的同班同学，我记得很清楚，他们读大学时感情超铁。无论我在哪里看见 M，身边都有一个 C，看见 C，身边也就有一个 M。

两个男生都比较帅气，我一度怀疑他俩有情况，直到他们后来都有了女朋友，我才总算放下了我那颗操碎了的心。

当时，M 的家庭经济条件比 C 要好很多。C 从小父母离异，两边家庭收入都不高，C 自己过得很节俭。我听过他班辅导员说 C 大一的时候就申请了助学金。与 C 相比，M 虽不是富二代，但家庭经济情况比 C 要好很多。有好几次我在校外餐馆碰到他们，都是 M 带着 C 还有一帮朋友在吃喝。

毕业之后，C 开始和一些朋友创业，M 进了另一个大公司。M 按月拿工资，经济情况非常稳定。C 刚开始的发展却很不好，创业艰难，举步维艰，两个投资方都不干了要撤资，公司一度濒临倒闭。

C 压力山大，焦头烂额。

就在这时，M 通过自己结识的各方人脉关系，给 C 拉来了一个重要客户。之后，C 公司的发展开始步入正轨，特别是有个作品获得了全国大奖后，C 公司的知名度显著提升。

公司终于脱离了危机，并在短短两年内迅速发展壮大。C 的收入也成倍增长，将工薪阶层的 M 给远远甩在了后面。

C 后来说，如果不是当初 M 拉来的客户救急，恐怕公司早就倒闭了。他因此一直对 M 心怀感激。

C 觉得，现在这个年代能够雪中送炭的人，真的是可遇不可求了，M 如此讲义气，从来没有因为自己比他穷就看不起他，反而总是无条件帮助自己，这个朋友是值得他用所有真心对待的。

于是，为了表达对 M 的感激之情，他多次请 M 吃喝玩乐。他还买了很多昂贵的东西来送给 M。

比如，他知道 M 的车开了很多年，很旧了，就买了一辆新车送给他。他也介绍自己熟识的朋友给 M 认识。

刚开始 M 欣然接受，并由衷地为 C 公司发展的好势头高兴。但随着 C 的公司越做越大，送的礼物越来越贵重，带他去的场合越来越高级，跟着 C 见识的场面越来越大，认识的人越来越高大上，M 便开始脸现不悦之色，语现讽刺了。

C 对 M 越好，M 反而表现得越不友善。

让两人彻底闹掰的是因为这样一件事：

M 的女儿到了要读幼儿园的年龄，C 之前听 M 提过，他想要让女儿上好一点儿的幼儿园。C 刚好有这方面的人脉关系，于是，就自作主张给 M 联系了一家本地顶尖的贵族幼儿园。M 知道了非常恼火，指责他自作主张。

C 问：你不是想让小孩上好一点儿的幼儿园吗？

M 说：好一点儿也要符合我们家的经济情况啊，那幼儿园里都是富豪子弟，我们去了，不是纯粹被人看不起吗？

C 这才知道搞砸了，想要另给 M 帮忙，M 却认定他不安好心，在借此羞辱他穷。

M说：你不就是发达了吗？有什么了不起的？你别忘了以前困难的时候我是怎么帮你的？有看不起你一次吗？C我告诉你，做人啊，不能太忘恩负义！

C也是蒙了。他实在搞不清楚自己怎么就忘恩负义了？怎么就看不起M了？他明明就是好心好意想帮M，可是M却认为，C的分享是在无时无刻提醒着他的无能、穷和失败。

02

我以前也认为，能够共苦的朋友，自然是能够同甘的。

你落魄的时候他都没嫌弃你，当你风光了之后，他有可能嫌弃你吗？一个能为你雪中送炭不计回报的人，在这个利益至上的现实社会里该是多么珍贵的存在！就像有人说，人生真正的朋友不一定能锦上添花，但一定能够雪中送炭。

然而，遭遇的事情越多，我们却越容易发现，在你落魄时，能够为你雪中送炭的朋友，却真不一定在你飞黄腾达时还能陪在你左右。有些人，能够同甘却不能共苦。这种人不用说，利益至上，谈不上什么真朋友。但能够共苦的人，便一定能同甘吗？也未必。

有些人在你落魄时，真心实意对你好，总是无条件帮助你，几乎不求回报。但是，当你有一天过得比他更好时，当你一腔热情想要报恩时，他却开始对你敬而远之，乃至讽刺挖苦。

明明是他渐渐疏远了你，你却往往发现，他对所有人说的都是你风光之后，是如何“狼心狗肺”地抛弃了他。

你想要和他同甘，于是常常不吝分享自己所有的资源，而他却千方百计拒绝你的任何“恩赐”。终于有一天，他“忍无可忍”地离你远去，而你却不知自己一番好心，怎么就令你们的关系走到了尽头。

初中时，班上有个叫小夏的女孩主动来和我做朋友。我们一度好得形影不离，小夏走到哪儿，都会把我叫上一起。我们和其他人一起玩，她总是叽叽喳喳，是人群中谈话的焦点。当时我在她身边，一般都是负责傻笑的那个。

她学习认真，成绩优异，好胜心很强。我成绩也不错，但没她那么好强。

小夏很讲义气，班上有个女生莫名其妙经常损我，她主动为我出头。我没写作业，她主动把作业给我抄。更令人感动的是，她是数学科代表，有时会帮老师批改卷子，每次看到我有错题，她都冒着被老师发现的危险，帮我偷偷改掉，再画个大勾。能享受到她如此待遇的，除了她自己，在班上50个同学中就只有我了。每次我拿到卷子，看到她涂画的笔迹都感动得无以复加。

后来，数学老师觉得我数学成绩提升很快（真相是小夏的功劳），就选我当了数学课代表。所以，小夏的课代表竟然被我挤掉了（我真的是无心的）……

小夏因此受到了很大的伤害，她再也不理我了。可是我还想报答她，于是有次帮老师批改卷子的时候，我看到她有道题错了，就主动帮她改掉，画了个大勾。

我满以为她会很高兴，结果第二天她很生气：你凭什么帮我改？你不就是在讽刺我数学现在没你好了吗？转身她就拿着卷子去了老师的办公室。

结果是：数学老师在课堂上严厉地批评了我“徇私舞弊”的行为，并立马撤掉了我数学科代表。从此，我再也没有当过数学科代表，而我和小夏也再没说过话。

有时，一个人和你做朋友，可能只是因为他觉得你对他没有利益的威胁。当你不如他时，他会很乐意和你成为朋友，也不吝和你分享各种资源。但当你比他过得更好，或威胁到他的利益时，他却往往不接受你的分享了。因为他会觉得此时你的分享，目的就是提醒着他的失败。

03

人是一种无比自恋的动物。每个人不论实际上有多么弱小，在自己的眼中就是上帝。

当你比他弱时，他乐于帮助你，甚至可以为你雪中送炭。而他之所以如此，也许并不是因为你对他有多重要，或者是他对你有多么深厚的感情，而只是因为你比他弱、比他惨！在你面前，他有一种“强者”的心理优势，通过帮助你，他从心理上获得了“我比你强，我比你幸运，我比你优秀”的满足感。

而当你比他更强、更好时，你的分享等于在告诉他，他比你弱、比你惨，他在你面前，就成了一个凄惨的弱者。这种感觉会令他们愤怒不已。为逃避这种感觉，他们只有远离你，从其他比他们弱的人那里继续获取心理优势。

所以，有些人，也许是真心希望你好，但却不会希望你比他更好。当你比他们更好的时候，也就是你最可恶的时候。只有当你比他们凄惨的时候，才是你最可爱的时候。

你弱，他们可能不吝雪中送炭，但你比他们强，他们却往往反过来恶语相向。

歌德说：“当可怜的犯人被判刑带往刑场时，谁都不想错过热闹，争相前往。人在潜意识里，就是喜欢看到别人比自己惨的。”

谁在朋友圈卖惨，说自己事事不顺心，走投无路想要跳楼，便总是会得到人们善意的安慰。

谁在朋友圈炫富，说自己今天买了爱马仕，明天又买一套路易威登，无疑会得到人们恶毒的讽刺。

张爱玲说：笑，全世界便与你同声笑，哭，你便独自哭。

影片《七月与安生》里，安生落魄的时候，被七月带去高级餐厅，安生同样是不愿与七月“同甘”的。她千方百计要和七月“算清楚”。

或许，可以在你成功时由衷地为你高兴，毫无心理负担和你一同分享成功的果实，也可以在你失意时感同身受，为你雪中送炭的人是不存在的。但是，也正如七月说的“我恨过你，但我也只有你”。

每个人都不是完人，所以也不可能有童话般完美的关系。如果说没人真心希望你比他更好是人之本性，我们又何须对人对己如此苛求。

他希不希望我好，与我自己好不好有什么关系？做好自己的本分即可。

他以前待我好，所以我好了后便也待他好，这就是本分。而这本分他要不要，那就是他的选择了。

为什么要用别人的狭隘来惩罚自己？你只需做得问心无愧就好，又何须强求他人？

不是因为优秀了才酷，而是因为酷本身就是优秀

01

小 D 从小是个乖乖女。属于爸妈叫她做什么，她从来都不会反抗的那种。她爸妈有句口头禅：爸爸妈妈是不会害你的。她一想，也觉得有理，这个世间，谁会比父母更爱自己啊？他们怎么可能会害我？

于是，遇到问题，她也懒得思考了，凡是她爸妈说的话，她就认为一定有道理，凡是她爸妈要她做的事，她就认为一定是对她有好处的。

高考填志愿，她完全不知道怎么填，爸妈给她建议：读师范。女孩子，以后就教书，工作稳定又受欢迎。她其实不大想读师范，但想父母是不会害她的，何况自己对这些专业也不大懂，于是就听

了父母的，全填了师范。

结果她高考成绩不理想，只被个专科录取。她想复读一年。爸妈说：女孩子，复读一年年龄就大了一岁，毕业时间也会推迟，能考上就不错了，去读吧。于是她听父母的，去读了。

毕业前夕，她想升本。爸妈说：升什么本啊？我们把关系都给你找好了，你毕业后直接进某某单位。于是她毕业后回了家乡，进了父母给她找的单位。

工作单位是个小学，工作比较简单，但工资也少，她有些迷惘，想要去北上广闯荡。爸妈劝她：为你这份工作我们走了多少关系？赔了多少笑脸？那么多年轻人去了北上广，又怎样呢？工作普通，又辛苦，压力又大。你要去了，连买房都成问题。你就在爸爸妈妈身边，有个轻松又稳定的工作，多少人求还求不来呢！小 D 一想也是，于是就打消了去北上广的想法。

过段时间爸妈说：女孩子，趁着还年轻赶快去相亲，早点结婚生子，有好处。小 D 本来不想去相亲，但想到爸妈总不会害自己的，于是也就配合了。

多次相亲后，爸妈给她选出了一个“各方面条件最理想”的相亲对象，要她和对方交往。小 D 本人其实对这个“完美”相亲对象完全无感，但想爸妈总不会害自己的，于是，她顺从了父母的意见。

一年后，两人顺理成章地结了婚。小 D 的父母高兴得合不拢嘴。

婚后，小 D 的父母要小 D 赶紧要孩子，说，女孩子早点生育，对身体有好处。小 D 于是要了孩子。

结婚久了她才发现，和老公三观根本不合，而且老公和她结婚也只是迫于家庭压力，对她没什么感情。

在她父母认为的“完美工作”中，她也没感受到任何好处。在她父母认为的“完美婚姻”中，她并没有感受到任何幸福。小 D 就这样沦为了生活中一个庸常的人，不知道自己想要什么，浑浑噩噩地被生活推着走，处处感到身不由己。

O2

一个年轻人如果要成功地沦为一个庸常的人，最快捷的办法，就是不加考虑地让别人的意见来指导自己的生活。

小 D 的父母的确不会害她，他们也的确在劳心劳力想要为她选出最“完美”的人生道路。但那些“完美”是受他们自身眼界见识所局限的。他们虽有经验，但那些经验，往往都是过时的。况且，父母永远舍不得让子女吃苦受累。所以，他们为子女选的道路，一般都是“安逸的”“不会有任何危险的”“铁饭碗”的道路。因为在他们那个年代，有个铁饭碗就代表着人生的巅峰。

但他们根本没有意识到，环境是会变的。对于这个已经改变了的环境，他们从没在里面打拼过，所以根本不熟悉。因此，他们为子女选的“最好的”道路，很有可能只是几十年前“最好的”道路。几十年前的最好还等于现在的最好吗？

在我“杀马特”的时代，我妈总是一脸嫌弃地看着我，恨不得和我断绝母女关系。她从头到脚地批判我。她看不惯我的发型，看不惯我奇奇怪怪的着装，她感到很惶恐，没有安全感，认为我疯了。那时，我一定要留很长的刘海，挡住眼睛，俨然以为自己是二次元里的人物。她说看到我头发挡眼睛，她心里就发慌，每次见我都一定要我把刘海全部梳上去。我不梳，她就各种威胁。

对于我的父母来说，“杀马特”造型完全是一种超越了他们时代的东西，他们从来没有见过。

一个人乍见以往生活中从来没有出现过的东西，总会下意识地恐慌，从而否定。因为没见过，所以不了解，因为不了解，所以不知道它是否“安全”。对于安全性能未知的东西，人总是惶恐的。

比如我爸以前超级仇视智能手机之类的电子产品，认为它们是让人类堕落的罪魁祸首，整天盯着手机的人就该拖去枪毙。后来他自己会用智能手机了，刷朋友圈刷得比任何人都要 happy。

他之前之所以仇视智能手机，只是因为这东西他从没见过，完全不了解，超出了他的认知范围，所以下意识就否定和拒绝。后来他了解了，知道怎么用了，便又觉得智能手机是拯救世界的存在了。

可见，一个人否定一种东西，很可能并不是这个东西不好，而是因为这个东西超出了这个人的认知范围。

任何人的见识都是受其经历限制的。从这点上来说，任何人的意见其实都不是完全可靠。既然任何人的意见都不完全可靠，那有必要把别人的话奉为圣旨吗?

有一句话：不听老人言，吃亏在眼前。我觉得这句话有时就是那些所谓的“老人”们想当然的想法。他们总觉得自己人生经验丰富，“吃的盐比你吃的饭还多，过的桥比你走的路还多”，所以他们觉得年轻人什么也不懂，事事都要指点干涉。而实际上，有不少人吃了那么多盐，走了那么多桥，总结出的经验，也不很严谨?

真正的有价值的经验，是经得起环境变迁的。而很多人的所谓“经验”不过是对他们自己以往的经历生搬硬套罢了。

你太听话，一定要听他们对你人生的各种指点，所以才会觉得你的生活与你自己格格不入。因为那其实是他们想要的人生，不是你的。

03

我周围有太多人做事都特别喜欢询问别人的意见。比如老陈一个朋友想脱离体制，就询问了周围好几十个人的意见，他觉得多听别人的意见有好处。

于是他逢人就问：

“你觉得我现在脱离体制怎么样？”

“你觉得什么时候脱离比较合适？”

……

他询问的每个人都对他的问题有一番看法和建议，但他一路听下来，却越听越迷惘。因为有人劝他尽早脱离，有人劝他迟一点儿更好，有人劝他就安心待在体制内，有人劝他一定要看准机会……

听到最后，各种意见相互冲突，他完全不知道该怎么办才好了。

前几年我写小说的时候，加入过一些作者群。有人经常发自己写的故事到群里，征求大家的意见。

于是各种意见纷呈：

“我觉得这个故事题材不好，不符合当前流行趋势。”

“我觉得文笔太累赘。”

“我觉得文笔太平淡。”

……

完全被他人意见影响，甚至有些意见是完全相反的，常常会让原作者不知道该怎么改了。

其实，别人的意见虽然重要，但这里担任顾问的“别人”不是任何一个人都可以做的，并不是随便拉一个人就可以做“别人”。除非你询问的那个人，拥有着让你佩服的经验和智慧，否则，与其过多地询问他人的意见，还不如听从自己内心。

一千个人眼里有一千个哈姆雷特。每个人的看法都不相同，你要听谁的？况且，在生活中，很多人都是遵循所谓的“常规”的。当遵循的“常规”太多就会变得平庸而无任何趣味。如果你让一些毫无成就的人来指导你的生活，给你意见，无疑就是把你自己往庸常的道路上推。

如果你不希望自己变得庸常，那你就得酷一点儿。很多人会觉得酷只是一种外表的打扮，一种不苟言笑的气质。但其实，真正的酷，绝对是内心的不妥协、不盲从。真正成熟的人，必定是酷着的。

因为他们往往拥有着自己的是非标准，不会轻易盲从他人，而这些，才是酷的来源。

一个人之所以平庸，就是因为他太不酷了。

酷不仅代表着一种气质，还代表着一种勇气。

你不敢和其他人不一样，那你一定不酷。你随大流，你被别人牵着鼻子走，你觉得反抗众人会很可怕，那你一定没有酷的气质。

勒庞在《乌合之众》里面说，群体会严重拉低个人的智慧，所以群体往往只拥有平庸的智慧。换句话说，群体智慧其实是小于个人智慧的。

这可以解释，为什么那些优秀的人一般都是卓尔不群的。因为对他们来说，陷在一个群体的意见里面，会妨碍到他们个人的思考。

真正优秀的人，必然不大合群，所以他们身上都带有着某种酷的气质。人不是因为优秀了才酷，而是因为酷本身就是优秀。

酷的人敢于打破常规，酷就是一种勇敢。其实，我们完全可以酷一点儿，与其相信群体智慧，还不如相信自己的智慧。

指导你生活的人，他们真有超人的智慧吗？如果没有，又何必事事听从别人？只有你自己才知道自己想要什么。

酷一点儿，You can！

生活既然不能安排，又何必按常理出牌

01

萧一是我的一个大学同学。

萧一毕业了，刚推开家里的门，行李箱都还没放好呢，她妈就开始问她：大学里交了男友吗？有结婚打算吗？

萧一其实交过一个男友，不过在毕业前就分了。为避免她妈问东问西，萧一言简意赅地回答：没交。

她妈急了，你怎么都不交个男友？你读大学是干什么去了啊？你知不知道女孩子大学毕业就该谈婚论嫁了？你要是有男友不是马上就可以结婚了吗？

于是，刚大学毕业的萧一，最忙的不是找工作，而是各种相亲。

多年的教育觉知让萧一隐隐觉得这样不妥，但比觉知更多的是她的七大姑八大姨的劝告。

她们仗着自己多年的“生活经验”，轮番给萧一洗脑。

——女孩子，结婚得早一点儿。

——过了二十五岁还不结婚，你就折价了。要是过三十岁还没结婚，基本上这辈子就完了。你看看你都二十二岁了，只有三年了！

——结婚前谈恋爱至少得一年吧，何况还不一定是谈一次就能成功，还有相亲双方都没看上的情况，这样算下来，三年时间够得了？你还不抓紧！

——我看小王不错啊，人家哪点不好了？人的优点可是选不齐的，大概差不多就行了，凑合凑合呗，谁还不是凑合啊。

——别太挑，两人都看对眼的时候不多，人家喜欢你就可以了。

……

在七大姑八大姨真诚地轮番劝说下，萧一动摇了。

她开始和一个喜欢她的相亲对象交往，心里想着和谁结婚不是结啊，凑合一下也就过了，我这样的也不能要求太高，别到时剩下嫁不出去就麻烦了。

一年后，萧一和这个相亲对象结了婚。

我去参加了她的婚礼，印象特别深的是，在礼台上，萧一和她老公面对而立，萧一眼神游离，她老公也是一脸茫然。亲吻环节，萧一老公凑过来在她嘴的附近亲了一下，连她嘴唇也没碰。而萧一，下意识地躲避了一下。

结婚后，七大姑八大姨又开始给萧一洗脑，要她快点要孩子。她们的理由是：结婚后不快点要孩子，别人还以为你有问题，生不出来呢，那多丢脸啊。

于是，萧一又迷迷糊糊地要了孩子。孩子生下来，老公基本不管，萧一累得团团转，连自己的工作也顾不上了。

好不容易把孩子带到一两岁，萧一觉得自己才二十五岁，想要在事业上再拼一把。

七大姑八大姨又来洗脑萧一生二胎。

——女人要事业干什么啊？女人最重要的还不是家庭？

——你老公肯定想要二胎的，你不生，他就不高兴。他不高兴，到时和你离婚怎么办？

——你就把孩子好好带大就可以了，多大的成就感啊！

听着七姑八姨的聒噪，萧一忽然清醒了，开始看透一些东西。一辈子就生孩子养孩子？这就是她的价值？萧一不甘心。她不再想把自己人生唯一的价值系放在老公孩子身上，她想要有自己的人生。可是，孩子已经生下来了，她毕竟不能对孩子不负责。

萧一开始后悔，当初很傻很天真，居然让这些无知的妇女来指导自己的生活，如今，事业经验为零的她，要如何才能发挥出自己应有的能力，找到自己应有的价值?

O2

如果你是女孩子，那你一定听过这句话：女孩子，结婚得早一点儿。我身边的确有很多女孩子，很早就懵懵懂懂地结了婚。结果，她们真如那些话所预言，从此都过上了“美好”的生活。

常常有人告诉你，女人为什么要结婚早。

——因为女人不禁老，过二十五岁就折价，过三十岁就没人要。

——因为女人年轻一点儿，孩子就好生一点儿，也好恢复一点儿。

这确定说的是“女人”吗？如果把上面两句话里的“女人”换成母鸡，也毫不违和。

——因为母鸡不禁老，过二十五岁就折价，过三十岁就没人要。

——因为母鸡年轻一点儿，鸡蛋就好生一点儿，也好恢复一点儿。

你看，称斤论两，货色品种，拈轻掂重，俨然把女人当成是市场上买卖的某种物品。女人卖出青春、身体和自己的人生，获得为一个家庭生儿育女，打理家务，洗衣做饭，替丈夫孝敬公婆的“权利”。还真是划算。怪不得大家都要催女人早点儿结婚，因为只有越年轻的姑娘才越单纯，越掂不清轻重吧？

年轻的姑娘世界观价值观人生观都还在形成中呢，迷迷糊糊很容易就被周围的人影响，糊里糊涂就踏入一个“凑合”的婚姻之中。然而，随着年龄增长，有了一定的阅历之后，她们才会发现，凑合的婚姻有多可怕。

其实，即使女性的婚姻并非凑合，很多时候对于她们来说，结婚后的幸福感反而不如婚前。因为在婚姻中，女性所需要承担的义务，往往远远大于她们可以得到的权利。

而对于男人来说，则是恰好相反。比如，现在很多观念依然认为，家务全都是女人的事，洗衣做饭是女人的事，教育孩子也是女人的事。男人只需要赚钱养家就行了。

所以，对于很多不愿意放弃工作的职业女性来说，一方面不仅要像男人一样在职场拼杀，一方面又得操持各种家务，教育小孩。男人下班回来累了就可以躺在沙发上当大爷，女人下班回来累了还得各种忙碌，监督小孩写作业，忙各种家务，身心俱疲。

而对于全职主妇们来说，也并不轻松。一方面她们付出了大量的精力和劳动，来维护和整理一个家日常的整洁，安排一日三餐，教育小孩的健康成长。另一方面，她们又因为没有一分钱的收入而在一个家庭里有时感到“低人一等”。另外，个人价值感的缺失，成就感的难以获得，让她们总是觉得自己“没什么用”。

社会舆论对于她们有时也有些严苛。她们常被人误解为是“懒”，所以才靠男人养。她们对一个家庭的付出常会被无条件忽略，因为她们的那些劳动都是隐形劳动。就像男人赚钱养家一样，实际上她们也为家庭做出了很大的贡献，然而却得不到承认。

其实，男人的贡献，对他们个人还是有好处的。因为男人在职场可以一心一意地拼杀，工作越久年薪越高，个人价值也就随之获得提升。这对他们自己，是有好处的。

而无论是职业女性，还是全职主妇，她们更多的精力，却给了家庭。这部分被家庭所消耗的时间与精力，是不会让她们获得任何个人价值的提升的。也就是说，对她们自己来说，丝毫没有好处。

一个不愿放弃自己价值实现的职业女性，如果想要获得和男人一样的个人价值提升，就得比男人至少要多付出一倍的努力。因为她们不仅要在职场上拼杀，还得要兼顾家庭。所以，对于在职业上有追求的女性来说，她们普遍比男性要累得多。

03

其实，对于女孩来说，结婚早一点儿，远不如结婚迟一点儿。

三十岁之前是一个女人最宝贵的青春时期，过早地把自己投入义务繁多的婚姻之中，那么在四十岁的时候，你可能只能收获一个疲惫而没有任何自我价值实现的自己，成为一个不得不依附男人生存的存在。

而依附感，绝对无法带来幸福感。

换句话说，你为一个家庭付出了自己最青春美好的时光，到头来却无法让自己获得幸福。这个交易，划算吗？太不划算了。

所以，何必在最宝贵的青春时期，就过早一脚踏入婚姻？单身期，才是一个女人最好的价值提升期。

趁着青春年华抓紧时间去相亲，远不如趁着青春年华抓紧一切时间进行个人价值提升。把自己最好的几年，献给自己的理想，自己的追求，自己的职业规划，这才是一个女人最明智的行为。同时，女孩在年轻缺乏阅历、三观都还未明晰的时候，如果一脚踏入婚姻，那才是一场灾难。

别听七大姑八大姨的聒噪，也别管什么社会舆论，刚刚毕业的单身女孩，必定要经过一番社会上的历练，才能在历练中更明确地树立起自己的三观，看清自己，也看清别人。

只有明确地知道自己想要什么的女人，才更有可能得到自己想要的东西，过上自己想要的生活，实现自己想要的目标。

你连自己要什么样的人做你的另一半都不知道，又何必纠结于你今年是二十五岁还是二十六岁了呢？年龄绝对不是你结婚的理由。

所以，别傻了，别把自己最好的时光囿于一方小小的天地，别在年轻时贪图安逸。二十多岁，你该做的，就是走出家门，走到更广阔的世界中去，提升，提升，再提升。只有当你把自己提升到了某个高度，你才有可能找到同样高度的另一半。就像林心如经历了漫长的时光，终于等到了霍建华。

有多少男人是奔着女人的青春和子宫去结婚的？又有多少男人是奔着女人的灵魂和三观去结婚的？你不趁着青春年华开阔一下眼界，增加一些阅历，提升一下自我价值，又怎能看清你心中所想，分清他孰优孰劣？你看不清，眼前一片模糊，幸福又凭什么要来撞上你？

结婚迟一点儿，你的人生，说不定会更加明晰。

这个世界上是有妖怪的

01

中年男人和年轻女孩儿的故事，你见过多少？我就见过不少。

第一个故事：

小 D 是个刚上大学的女生，长相清纯，通过社交软件认识了一个本地的大叔。大叔四十岁上下，经常带她出去玩，美其名曰：给你做个免费向导，带你熟悉城市。

室友们都觉得大叔动机不纯，要小 D 远离。小 D 根本不信，因为大叔对她从来都是彬彬有礼，两人虽经常出去玩，大叔从来没有对她动手动脚过，而且，不到天黑必然准时把她送回学校。有时小 D 还想多玩一会儿，大叔就一脸正色地教育她：女孩子，天黑了在外面不安全。大叔说看到小 D 就想起自己的女儿，想把小 D 当女儿一样疼爱。

小 D 觉得大叔很绅士，很温柔，很照顾她，简直是同年龄幼稚男生不能比的。而且大叔还超有思想，经常给她一些处世的建议，给她介绍一些值得看的书籍和电影什么的。带她去的地方，也往往是很优雅很上档次的环境。

渐渐地，小 D 觉得自己喜欢上这个大叔了，被他成熟稳重幽默的气质迷住了。大叔再约她出去，她开始不镇定了，她开始渴望和大叔有一些亲密的接触，渴望大叔能亲口对她说些甜言蜜语。

但是大叔超淡定啊，表现基本和以前相同，似乎并未察觉到小 D 的心乱如麻。终于有一次大叔要送小 D 回学校时，小 D 开口了：我想多和你待一会儿。

大叔看着小 D，摇头。

小 D 爆发了：你到底什么意思？你为什么老约我出去？你到底喜不喜欢我？

大叔不说话。

小 D 一定要他说。

他说：我先送你回学校，等会儿发消息告诉你。

小D为得到答案只好乖乖地回了学校。

她等大叔发消息给她，但手机却纹丝不动，她等啊等，等不及了拨大叔手机，却已经关机。小D失眠了一整夜，她觉得她快要疯了。

她打了无数次大叔的手机，直到第三天对方才接。一听到那个声音小D立刻就觉得没气力了。她这才知道，她已经深深爱上了这个大叔。

也就是从小D主动给大叔打电话的时候起，大叔的态度变了。他开始以工作忙为借口，推掉小D的邀约。

小D苦苦等待了好几天，两人才终于见面。一看到他，她觉得自己完全崩溃了。

大叔则一脸不忍地说他是经过了多么痛苦的心理挣扎才来见她的。因为他有老婆，有孩子，他不能辜负他的家庭，更重要的是，他不能毁了她这个花季少女，因为他无法对她负责！

此时小D早被大叔撩得失去了理智，什么话都可以冲口而出，比如，保证不影响他的家庭；比如，都是她自己心甘情愿……

然后，小D便如愿以偿地和大叔在一起了。但是，因为一开始就声明了不会带给他任何麻烦，完全是她自己心甘情愿，小D根本不敢提大叔的家庭一个字。只要提及一点儿，大叔就一脸此生永不相见的架势。

小 D 为了留住大叔，只好和大叔偷偷交往，这一交往就好几年。其间，小 D 屡次意外怀孕，每次大叔知道后都一脸决绝。小 D 怕失去大叔，只得数次人工流产。而与她同年龄的女孩们差不多都已结婚生子了。

小 D 很迷茫，不知道还要持续这样的生活到什么时候。

第二个故事：

小 B 来自小县城，凭努力考上一所名牌大学，毕业后想尽一切办法留在了大城市。但工资普通，看不到未来，当地房价高得离谱。她觉得，想要真正站稳脚跟，还是得找个当地人。

通过某次饭局，她认识了本地儒商 S 大叔。S 大叔为人温和，对小 B 彬彬有礼，还主动替小 B 挡酒。小 B 以为有戏，千方百计要和 S 大叔更进一步交往。S 大叔无动于衷。

小 B 不愿放弃机会，心想通过 S 大叔多认识一些当地人也好。后来才知道，S 大叔不仅家庭幸福美满，高素质的红颜知己也不少。

小 B 自惭形秽，想要退出。S 大叔却说：她们和我交往，不过是看中了我的身家。你不同，我知道你并不是图我的钱，你是最纯净的女孩。

小 B 大为感动，认为 S 大叔喜欢她。为了保持自己“不图钱”的形象，她果真对 S 大叔没有任何物质的要求。S 大叔很满意，说两人之间是“真正的爱情”。

结果可想而知，一段时间后，S 大叔同样很认真地对小 B 说，他本以为和小 B 可以爱情长久，可惜还是造化弄人。然后他就从小 B 的生活中消失了。

小 B 呢？连钱也没捞到一分，更不要说爱情了。

O2

现实生活中不只是女神，很多普通的年轻女孩子也对大叔抱有好感。

为什么呢？因为大叔们普遍有一定的经济能力、人脉资源，成熟，稳重，懂女人，温柔，睿智，会照顾人，懂情趣……相比之下，年轻女孩身边的同龄男孩儿实在是太嫩了，太呆了，太无趣了。所以，当面对一个很有魅力的大叔时，单纯的年轻女孩子很难不被吸引。

但是，和貌似温柔实则老奸巨猾的大叔们过招，就好比是站在悬崖边上捕获一条看起来美丽的毒蛇，年轻女孩们如果没有相当的段位，不仅搞不定，而且分分钟都会有生命危险。

以上两个故事，两位充满了魅力的大叔，他们在和年轻女孩儿交往的过程中，都采取了类似的态度。他们从不对女孩主动表示好感，却对女孩儿相当照顾、关心，或在女孩的生活中充当某种人生导师、灵魂知己的角色。

他们一边对女孩儿表现得相当关照，一边又对女孩儿保持着一定的距离。

再看周围的年轻男孩，他们简直就是为衬托大叔的魅力而存在的。他们和女孩儿单独约会过几次就想动手动脚，简直太低俗了。所以，女孩儿们觉得大叔彬彬有礼、温和稳重，是理想男友的典范。

上述两位大叔凭借自己几十年来积累起的吸引女性的手段，不紧不慢地引诱年轻女孩爱上自己。而他们自己，却从来都是态度暧昧。

是啊，他从来没有追求过你，他只是和你聊过几次天，看过几次电影，吃过几次饭，连手都没碰你一下。而且你们在一起，从来没有聊过什么过火的话题。他不过在替你解决你遇到的困难，交流一些他处世的经验，是你自己非要去爱上他。

他撩你了吗？看起来真没有。但实际上，他不仅撩了你，用的还是最高段位的撩。他们撩你的手段，就是无为而治：不主动，不拒绝，不表态。看起来他们似乎什么都没做，却又似乎什么都做了，撩到你心甘情愿，飞蛾扑火也在所不惜。

几十年不是白混的，他们在社会上摸爬滚打这么久，已经成了精。做生意供应商的钱都是能拖就拖，到情场上让他们掏钱就会变爽快？

他们是最自私的男人，拒绝任何付出。只不过想要在疲惫的家庭生活和工作之外，寻点可以放松的乐子。

你就是他们的乐子。

他们想要的，是你年轻的身体和你年轻的爱情。除非你拥有和他们相当的段位，否则，很难不被他们吃得骨头都不剩。

世上年轻的女孩儿永远有那么多，他们只需要坐在那里，用他们无为而治的手段，就可以撩得一个又一个无知少女飞蛾扑火。

这个世界上是有妖怪的。这些吃人不吐骨头的大叔们，就是披着美好画皮的妖怪。

但飞蛾扑火的根本原因，不是因为火的存在，而是因为潜藏在飞蛾心底的对光的欲望。飞蛾想要光，所以才会扑向火。

大叔手里握着太多年轻女孩儿渴望拥有的东西，所以女孩们才会扑向他。

只是，那些东西只不过是他们引你上钩最好用的工具罢了，你还真以为他们可以大方给你吗？别天真了。

世界那么险恶，没有欲望不会上当。他撩你，只是因为你想要啊。

不忍不滚，是因为你不够强大

01

我的朋友张东东，她有个同学叫小卷，有几次我们在一起吃过饭，逛过街，也算认识。

有次周末，我和张东东正闲逛，小卷突然打电话来要来找我们。我们约了一个地点见面。不久后，就见她满脸憔悴，闷闷不乐地赶过来了，妆都没怎么化。

坐下后一脸世界末日的表情，摊在沙发上，一动不动哭丧着脸，说："这回完了，本宫离婚离定了。"原来是她和老公刚买了一个电饭煲，因为"煮饭到底该放多少水合适"这种问题引发了一场争论，大家谁也不服气。

小卷于是顺手拿了老公放旁边的手机准备问度娘，哪知度娘没问到，却被她发现了老公手机里的猫腻。小卷顿时感觉五雷轰顶，三观俱碎，和老公大吵特吵起来，直接闹到了准备离婚的地步。

小卷越说越气愤，越说越伤心，我和张东东不停安慰她。

小卷走后，张东东说：没事，我看她离不了，过两天就好了。

我表示不解：她老公和女同事有猫腻啊！

张东东说她老公是惯犯，两人大学毕业后，遇到这样类似的事情不下四五回了，每次一发现老公在撩女生，小卷就喊着要和他离婚，但喊了半天，常常是等老公撩到下一个了，她都还对他不离不弃。

至于为什么不离，小卷也有她的理由。

比如，说离婚是在气头上，等平静下来一想，自己和老公从大学就在一起了，风风雨雨都过了这么多年了，她舍不得。

比如，两人名下两套房产都是婚后买的，贷款也是一起还的，如果要离婚，这些经济纠葛的划分实在太麻烦。

比如，两人的孩子还太小，只有四岁，如果离婚了，对小孩的成长有巨大的影响。

比如，两人离婚后，孩子如果判给她，恐怕经济方面会有点困难，而如果不判给她，她又实在不放心把这么小的孩子交到她那本就没什么责任心的丈夫手里。

……

这样思前想后，再加上周围众人的劝解，等小卷的气慢慢消了，便再也没有离婚的劲头了。至于她老公，秉承的理念却是：家里红旗不倒，外面彩旗飘飘。所以无论小卷如何威胁，如何哭诉，如何抱怨，他就是贼心不改。

到最后，小卷就在这样一种局面里无限循环：发现猫腻，大吵大闹，离婚威胁，妥协，抱怨哭诉，妥协，抱怨哭诉，妥协，抱怨哭诉……

长此以往，她的状态越来越糟糕。虽然看起来她的家庭风平浪静了，但是，她咽下的这口恶气，不仅不会消失，还会渐渐累积，越积越厚。到后来，她已经发展成处处看她老公不顺眼了。

因为不顺眼，所以抱怨也就越来越多；因为抱怨越来越多，所以和老公间吵架的次数也越来越多；因为吵架越来越多，她老公撩女生就越来越频繁；因为越来越频繁，她心中的怨气就越重；因为怨气越重，抱怨也就越多……

完全是恶性循环。

虽说，我们在遇事时，常常都会怒吼：要么忍，要么滚。然而，嘴上说得干脆，但在现实中，更多的人却往往处在第三种状态：不忍也不滚。

02

为什么这么多人处在不忍不滚的状态？

因为他们没勇气滚，也不甘心忍。于是只得化忍耐为抱怨，再为自己的没勇气滚找个借口叫作：情怀。比如，小卷总说，自己舍不得和老公离婚啊，因为他们大学就在一起了，这么多年，难道说离就离了？唉，再忍忍吧。

但其实没有人会心甘情愿忍耐。一旦你不是心甘情愿，就会有怨气产生。所以不忍不滚的状态，倘若揭开情怀的美化滤镜，其实底下裹着的是一团团的怨恨和不甘。

互相怨恨着的人，哪会真的“舍不得”离开，只是不敢或不能离开罢了。如果足够强大，相信任何人都不希望过着不忍不滚的生活。

“要么忍，要么滚”，为什么这句话这么爽感？

因为现实中很多人都无法做到完全不计后果。为什么做不到不计后果？因为自己不够强大。

以前在工作中我经常会听到同事们的抱怨，抱怨的内容各式各样。

比如，领导完全将下属当成奴隶，巴不得用最少的工资榨干你每一滴血的价值。

比如，领导最喜欢什么员工？不吃饭却又能为公司卖命的员工。

比如，这么热的天，办公室连个空调都舍不得安，还让我们吹落地扇，这么抠门的公司也是够了。

……

但是抱怨归抱怨，真因为这些原因就酷到炒了老板的人，我还真是很少见到。

常常是，被逼急了，最多上朋友圈刷句：要么忍，要么滚，完了继续老老实实地干活去。

为什么就不能认真地滚一滚呢？

其实，很多时候，并不是他们不想滚，而是没办法滚。技能单一，工作能力普通，公司多你一个不多，少你一个不少，属于公司里可有可无的存在，在这种情况下，你拿什么资本去滚一滚？既然不是不可替代的重要人才，你所做的工作换另一个人也可以做，效果并没有什么明显差别，那你滚了对公司有任何影响吗？基本没有啊。就算有，也可以忽略不计。

而你自己，倘若技能单一，甚至只能依靠这个公司这个职位吃饭，完全没有其他选择余地，那你滚了，对你自己的影响就大了。

所以，才有那么多人，过着不忍不滚的生活。

03

过着不忍不滚的生活的人，大多喜欢抱怨。

为什么呢?

有一个回答是：人的抱怨实际上是在表达他的不满。但他又懒得想办法改变这种现状，他希望轻松地抱怨几句，就可以达到他的目的。也就是说，他希望通过几句抱怨，让他人让环境来改变，然后他就可以来享受。

总而言之，抱怨其实就是一种消极的偷懒方式。比如，小卷抱怨她老公，她是希望老公听到她的抱怨，自觉改变自身行为。而同事们抱怨公司，是想要公司听到他们的抱怨，自觉给他们提供更好的福利。但是，小卷的老公有可能因为她几句抱怨就改变自己吗?公司有可能因为听到几个不重要的员工抱怨，就自觉给这些员工提供更好的福利吗?

想通过抱怨实行诉求，这根本不可能。

老天不会因为你抱怨了几句怎么不下馅饼，就下满一箩筐馅饼给你吃。

要想改变，不管你是想要改变自己，还是想要改变别人，甚至想要改变环境，你都得从改变你自己开始。

因为这个世界是个有机整体，所以会发生连锁反应。只有你先着手改变了自己，你才有可能改变他人，甚至环境。要达到随心所欲“要么忍，要么滚”的级别，你首先得拥有相当的资本。

倘若小卷自身经济实力雄厚，容貌身材出众，她还需要拉个“情怀”的遮羞布来掩饰她无法离开老公的真相吗？倘若那些同事们都是能力强大的斜杠青年，他们还用得着一边流汗一边抱怨“公司不安空调”吗？出色的斜杠青年可以随意炒老板，而能力平庸者就只能低声下气做听话员工。

只有提升自身能力，强大到一定程度，你才能随心所欲过上“想忍就忍，想滚就滚”的美好生活。而能力，不是抱怨几句，就可以给你无条件加持的。

不忍也不滚的生活，是最悲哀的生活。因为除了抱怨，他们根本没办法改变。所以，你要想滚，就得先学会忍。把用在抱怨上的时间精力灵感拿来提升自己各方面的能力。要么你把某一方面的能力提升到极致，要么你就把能力多样化加持。

当你强大到一定程度，你想滚到哪里，整个世界都会为你敞开大门。而如果你想要继续你的不忍也不滚的死循环，那只需要继续抱怨下去。

事情就是如此一清二白。

牛人随时都准备着跳出现有圈子

01

我高考失利后，进了一所很普通的大学。我之所以没有复读，是因为不想让父母再多花一年的钱，多操一年的心。当然，另一个更重要的理由是：我迫切地想要自立，想要离开家。我不想再待在那个小城，我所有的同学都飞奔到了不同的城市，我留在那里很孤单。所以，尽管我的大学很普通，我还是去读了。

我不相信一个大学就能决定人的一生，我觉得无论人在哪里，只要努力就行。第一个学期，我很认真地学习。我虽然高考失利了，但我还可以考名校的研究生。

在那个普通的学校里，只要你稍微认真一点，很容易就脱颖而出。学期末，我得了一等奖学金，也申请入了党，同时还入了校宣传部。

我的生活似乎变得丰富多彩，同学或崇拜或嫉妒或不屑的眼神简直令我飘飘然。

我回寝室，她们说：哟，学霸回来了。

我早晨起很早去图书馆占位，她们说：哟，这么努力啊？还当这里是高中呢？

我收拾书准备去听课，她们讨论的是：今天我们逃课吧？逛街怎么样？

周五晚上我想好好睡一觉，明早去图书馆待一天，她们开始嚷嚷：今晚通宵！摆起摆起，血战到底！她们邀我一起打牌，我说不会。她们一脸不屑，切，还真是好学生啊，别装了。

寝室里很快就形成了各种小团体。

比如，A和B爱打扮，喜欢讨论服装品牌，她们两个就经常一起去逛街。C和D喜欢上网，她们就经常一起去网吧。E和F都有男朋友，她们就经常一起交流恋爱心得。

到大二的时候，主动学习的人俨然就成了傻瓜一样的存在。

那时，我也有一个很好的朋友王小米。前文我曾提到有次去隔壁寝室借热得快，结果被甩白眼的事还有后续。

我回寝室后说了此事，其他人都表情复杂，唇角带一抹莫名笑意。当时我很不解，自认平时待人友好，也从未得罪过她们，不知为何她们表情会如此奇怪。后来我才知道，不管你友不友好，不与她们“同流”就自然会被人看不惯。

只有王小米，二话不说就冲到隔壁寝室大吼一句：某某，借我！她把借回来的热得快往我手里一塞的时候，我真的很感动。

真朋友或许就是如此吧？

O2

但是王小米是个逃课大王。她浪荡惯了，心思从不放在学习上。

我拉她去图书馆，她说，你傻啊，现在谁还去图书馆，走，跟我浪去。

我准备去上课，她躺在床上说，别去了，我们今天逃课吧。

周末晚上我想早睡觉，她把我从床上拖下来：来来来，跟我们一起打牌。如果我表示不想，她就黑脸：装什么装？你还是不是我朋友啊？

一度，我很迷惘。王小米这么讲义气，如果我不跟她一起混，那我不是太不够朋友了？而且人都是有惰性的，和她在一起，玩得也挺嗨，再加上周围的人都是一副得过且过的姿态，你想要与众不同、背弃众人真的很难。

于是，我整个大二都在那种浑浑噩噩的混日子过程中度过。几乎一半的时间在逃课，社团工作也好久不去参加，被开除出团，图书馆更是许久不曾踏足。唯一得到的好处，就是和各位同学的关系比以前融洽了。她们不再对我冷淡和挖苦。

期末考试，我第一次作弊。高数课旷课太多，完全不懂。我心惊胆战地拿了旁边同学的试卷来抄。考完我还庆幸没被老师发现。现在想来，应该是监考老师没有和我较真。我那拙劣的作弊手法，在我当了老师之后，才知道根本不可能瞒过任何人的眼。

那次我高数只得了62分，差点挂科。除了高数，我还有好几门功课都处在60分及格线边缘。

大三，学校重新调配寝室，王小米表示想要和我在一起。

我很犹豫。王小米或许是一个真朋友，但却不是一个“好朋友”。我觉得我不能再放任自己这么下去了，于是我没有选择和她继续住同一间寝室。

王小米和我翻脸，我们的友谊也差不多走到了尽头。

大三，我几乎每天都去图书馆，同时，我在寝室里也越来越孤独。但正因为孤独，我开始有了自己的想法。我依然逃课，但逃的是那些不能带给我成长的课程。我泡在图书馆里，选择自己感兴趣的知识开始自学。我没有想到的是，那时的自学会与我以后从事的工作联系得这么紧密。毕业后我从事的几项工作，几乎靠的都是我大三自学时得来的知识。而我大学学的专业，却几乎没有派上过用场。

后来，我租了一个房间和一台电脑，开始用自学的知识做一些电脑公司的外包项目。到大四毕业，我已经做了好几个项目。后来去找工作时，面试我的人一脸惊讶："你的专业和你应聘的职位不搭啊！"

我就把我做的项目拿出来，我的第一份工作就是由此开始的。他们看中的不是我的学历，也不是我的专业，而是我的能力。

其实，融入一个普通圈子很简单，你只需要和他们做差不多的事就行。但圈子真的很重要吗？圈子里关系处得再融洽又如何？当你走了，圈子难道还能跟着你走？唯一能随你走的，是你自身的能力。

03

我们在生活中，总是会自觉不自觉地处在某个圈子里。一个人身处陌生的群体，他总会下意识地寻找属于自己的圈子。

比如，你是一个公司的新员工。那么，你很可能和所有的新员工不自觉地形成一个圈子。又如，你们来自不同的地域，同一个地域里的人也会自发形成一个圈子。甚至基于高矮胖瘦美丑、城乡背景、经济基础消费能力等都会形成圈子。圈子里的人会不自觉排斥圈子外的人。

人寻找圈子的行为，是基于安全感和认同感的本能需求，无可厚非。但是，有些人对于这种安全感、认同感的需求非常固执和刻板。他们非常害怕接触一个陌生的圈子，只有待在自己熟悉的圈子里，他们才会觉得自信，才会觉得心安。

他们看不到自己所在圈子的局限性，总是得过且过。因为待在熟悉的圈子里，就有一种“大家都是如此”的心安理得。不仅如此，他们还有一种“自己的圈子最高大上”的荣誉感。

所谓“人多力量大”，他们处在圈子的群体中，群体的行为和意见似乎也就成了“真理”，这时，只要有人有不同的想法和不同的行为，很容易就会被这个圈子边缘化，或被视为傻瓜和异类。

大学时代，学校就是一个大圈子，寝室就是一个小圈子，如果那个圈子里人人都“混日子”，你不混日子，就会被圈子里的人视为异类，被排斥和孤立。

你要融入一个圈子，你就得和圈子里的人做基本相同的事，说基本相同的话，形成差不多的行为习惯。

但是，这样真的好吗？

04

你所在的圈子，虽然令你很舒适，但也很可能是一锅温水。温水里泡着一锅青蛙，每只青蛙待在水里，都觉得很安心，看看别的青蛙，大家相同，超有“身份认同感”。

但是，从长远来看，或许却很危险。毕竟温水就是这样把青蛙给一点点煮熟的。当其中某只青蛙意识到所待的圈子不过是一锅温水，想要跳出这口锅的时候，其他青蛙会怎么看它？

它们只会觉得：它是疯了吗？它好傻啊。

听过一个故事。

有一群原始人，住在一个山洞里。他们从来没有出去过。山洞里很黑很暗很冷，但他们以为世界就是如此。有一天，一个人鼓起勇气出了山洞，他惊喜地发现山洞外面有光，有美丽的植物还有各种动物。于是，他赶忙回来叫其他人也出去。

但是，无论他把外面的世界说得多么美好，其他的人却根本就不相信，他们只相信他们眼前看到的。不仅如此，他们还觉得这个人是疯了，大家对他发起了攻击，不接受他为他们中的一员。

为了再度被群体所接受，这个人只好承认其他人是对的。后来，海水涨潮，淹没了山洞，这群人就这样被淹死了。

如果你是这个原始人，你会怎么办？你是返回山洞被水淹死，还是勇敢地抛弃你原来的圈子，去探索新的世界？

如果你是那口锅青蛙中的一只，你又会怎么办？你是宁愿守着这份认同感和同伴一起被煮死，还是能够顶住被其他青蛙排斥的压力，勇敢地跳出这个安逸的“温水圈”？

实际上，我们这个世界的圈子有很多。真正明智的人，从不会有根深蒂固的“圈子意识”，他们的“圈子边界”很模糊，很开放。他们可以和民工谈肉价，也可以和艺术家谈艺术，或者和企业家谈管理。他们接触底层劳动人民，也接触各类精英人士。他们从不把自己牢牢地禁锢在少数的几个圈子里，寻求所谓的“身份认同感”，而是以开放的姿态，承受来自各个圈子的冲击。所以，整个世界在他们眼中是立体的，有着各种各样的形貌。

有些人，之所以固守在一两个圈子里，不肯看看外面，是因为他们有着很深的自卑感，害怕接触那些高大上的圈子。因为别人的高大上，总会映射出他的 low。所以，他总是不自觉选择低于自身水平的圈子，在那里面他会成为佼佼者，然后以虚假的优越感来催眠自己，孜孜炫耀。

如果一个人满足于此，那他被煮死只能说是活该。

牛人随时都准备着跳出现有圈子，而不是懦弱地固守在里面。因为只有勇于跳出现有圈子，才有跳入更高一级圈子的可能。

他们基本不会在某一个圈子里停留太长时间。因为他们知道，留太久了，就一定会被这个圈子给杀死。

你真的不那么引人注目

01

从小到大，我都很羞涩，最怕的就是当众发言。比起陌生人，我更怕熟人。我宁愿去仔细端详《咒怨》里那个没下巴的女孩，也不愿当着熟人的面展示自己的各项技能。我认为他们会取笑我。即使脸上没表现出来，心里也一定在取笑我。我妈经常恨铁不成钢地对我说：大方点儿你会死吗？这句话的效果很明显，我从此以后更加不大方了。我妈彻底失望了，把我的羞涩归结于基因突变。

后来我接触到心理学，才知道这种羞涩真不赖我，它是源自一个人婴幼儿时期的经历。比如，我家族里的长辈们都有一个共同的爱好，他们非常喜欢逗小孩，最擅长的事就是挖一个坑让他们往里面跳，然后看着小孩出丑的样子，指指点点，哈哈大笑。

这种不真诚的笑很容易在一个小孩子稚嫩的心灵上涂抹上难以驱散的阴影。比如，有一回他们就逗我说，我不是我妈亲生的，是我妈去大山里春游顺便捡回来的。他们说得煞有介事，连我妈捡我时，我肚脐眼上还沾着一大块正方形的泥巴都被描述得清清楚楚。

我当然是不信的。虽然他们的演技很逼真，但作为一个有原则的小孩，我不会轻易相信任何没有凭据的事。

于是他们翻出了一块花布，言之凿凿地说我被捡到时，就包着这块尿布。我仔细研究了那块布，发现它确实很陈旧，还带有无数次洗涤过的痕迹和发黄的尿渍。我震惊了，就把希望的目光投向了我妈，希望她能说清真相。然而，我妈不置可否，唇角还带着一抹谜样的微笑。于是，我接受了这个“事实”，呜呜地哭了，还越哭越大声。当我哭到了某一个阶段，正为自己的命运涕泪横流的时候，他们又告诉我，他们是骗我的，然后就指着我哈哈大笑。

经常被如此捉弄的结果，就使我变得异常小心谨慎。我再不肯在他们面前做过多真实的表情，说过多真实的话，因为觉得他们肯定会拿我的一切“真实”来取笑我。但是，我又不想说假话，所以我越来越觉得最“安全”的方式，就是“什么也不说，什么也不做”。因为我什么也没有说，什么也没有做，自然也就没有任何“把柄”

可以被他们抓到，他们也就从我身上找不到任何可以拿来取乐的素材。我的确因此“安全”了很多年。

但是，这样真的好吗？

02

一个人经常刻意去做某件事，他就会养成做这件事的习惯。因为害怕被取笑，所以我也就自然而然地养成了“什么也不说，什么也不做”的习惯。而“什么也不说，什么也不做”的习惯，反过来又加深了我害怕被取笑的恐惧心理。由于随时都在害怕被取笑，我就不得不把注意力全部放在别人身上。我像得了强迫症一样去拼命观察每个人的表情、动作的细节，去翻来覆去地想别人随口说的一句话里到底隐藏了多少种深刻的含义，然后再来计算自己该怎么应付才是最安全的。

因为人总是有那么多，所以每到和人接触的场合，我都感觉劳动强度相当大。对我来说，只有“验证”了每个人所有的表情、动作、言语都不是在对我进行“取笑”，并让自己的言行不出现失误或可以被人抓住的把柄时，我才能心安。

每到公众场合，我就觉得自己变成了一只高亮度灯泡，在散发光芒吸引所有人的注意。被全世界所瞩目的我，怎么能够有一点儿犯错或失败呢？那么多眼睛盯在身上，我开口说句话之前难道不应该深思熟虑先想个四五天吗？

当然，为了节省时间和精力，我采取的最英明的方法自然就是“什么也不说，什么也不做”了。不去演狐狸，自然就不会有尾巴。没有给过自己一次机会，自然就不会有任何失误或失败的可能。

这表面上完美无缺，实际上傻瓜至极。因为你在杜绝“过”的同时，也给自己堵上了“功”的可能性；你在拒绝嘲笑的同时，也拒绝了掌声；你在永远不会失败的同时，也永远不会成功。而你遭遇的“过”、嘲笑、失败很重要吗？重要到让你不惜如此劳神费力、斤斤计较，也要逃避掉它们？

03

实际上，不论你我，都远没有自己想象中那么令人注目。人是一种无比自恋的动物，每个人都认为自己是整个世界的主角，走到哪里都会光芒四射。但事实上，这不过是人们自己给自己编写的一个剧本罢了。在世界的剧本里，张三李四王二麻子根本没有多大区别。一个真实的情况是人们一般不会去特别注意自身之外的人，今天早晨在你家附近的超市里排在你前面付账的那个人你现在还记得吗？是男是女？是牛是马？是鬼是神？他穿什么颜色的衣服，还是没穿衣服？他是在渡劫还是在打劫？每个人都真的不那么引人注目。你犯的错、出的丑，自然也不会重要到可以刻入其他人的生命。所以，你就是犯点错、出点丑，对于他人来说也根本不是一件重要的事情。

小的时候我们力量弱小，总是很容易被伤害，但是现在我们已经长大了。小时候的习惯只是延续下来的，你只是习惯了这样，于是便认定自己天生就是这样，却从来没有想过自己也可以选择不去这样。

羞耻感虽然不会杀死你，但它会困死你。王家卫电影《东邪西毒》里有一句台词：从小我就懂得保护自己，我知道要想不被人拒绝，最好的办法就是先拒绝别人。

为什么有那么多的擦肩而过、缘分错失、悔不当初呢？就是因为有这句话：

你在拒绝一个人的同时，也拒绝了你们之间所有的可能性。你在拒绝一次挑战的同时，也拒绝了成功和失败的所有可能。你拒绝了所有，蜷在原地瑟瑟发抖，虽然保证了“安全”，却毫无滋味可言。

这样的人生，有意思吗？

电影《堕落天使》里也有这样一句台词：每一天你都有机会和很多人擦肩而过，他们有可能会成为你的朋友，或者知己。因为这样，我总是不放过每个和人摩擦的机会，有时会把自己搞得头破血流，但是，管它呢，开心就好。

你觉得呢？

活在别人眼光里的你，真的不漂亮

01

我有个在读初中的小侄女，前几天吵着要她妈带她去整容，差点没把她妈吓个半死。因为她觉得她的脸太圆了，而现在的主流审美是锥子脸，所以她便也要整成锥子脸。

她妈："你知不知道锥子脸都是削骨削出来的？"

小侄女表示很淡定："知道啊，不就削个骨吗？这有什么大不了的！"

说得好像萝卜削块皮一样轻松。

她妈为了打消她的想法，就说："现在是流行锥子脸，那以后流行圆脸了呢？到时你又怎么办？"

小侄女说："什么怎么办？再整回来呗。"

她妈无语："你真以为你的脸是橡皮泥做的啊，想怎么捏就怎么捏！"

其实这个小侄女是有点颜值的，以我的审美观来看，能长成她这样的女孩应该是很有自信的。

但她竟然非常嫌弃自己，也很自卑，而自卑的原因，就是因为她是圆脸。她说，她的同学们都认为只有锥子脸才有资格当大美女，如果不是锥子脸，就算五官再好，也"丑出天际"。

我问她："抛开你同学的看法，你真觉得自己长得很丑吗？"

小侄女说："也不是啊，我从没觉得自己不好看，也不觉得锥子脸有多美，但其他人都觉得这个脸美啊，网红也都是这种脸，我要不是这种脸，她们就会说我丑。"

我说："所以为了满足别人的审美观，你就不惜付出削骨的代价？那削骨之后，别人依然觉得你不美呢？难道你生下来，就只是为了让别人满意？"

其实我很想知道，有多少人，是为了别人的审美观而活着的。

以前读大学的时候，我在选修课上认识了一个女同学。依我的审美观来看，我觉得她的外形拥有着一种独特的气质，美得很有辨识度。但是这个同学还是去整了眼睛，因为她特别想要欧式大双眼皮，而她自身眼睛并不大，双得也不明显，一笑还弯弯的，所以有人就老是笑她“眯眯眼”。从小到大，基本没有人夸她长得好看。所以，当我说她有一种独特的美的时候，她的反应是瞪大了眼睛，一脸不相信。

做了欧式双眼皮之后，她那种独特的气质也荡然无存了。我很为她可惜。但她很得意，因为符合了“大众审美”，所以也得到了一些人的称赞。

之后，她整容上了瘾，又去整了下巴，填了额头，让自己的脸完全沦为了千篇一律的“网红脸”。但人的脸毕竟不是橡皮泥，随着年龄的增长，她的脸部状态也越来越糟糕。

她每天都在担惊受怕，怕自己的那张脸会突然间垮掉。她对别人的评价也很敏感，只要是听到有人说她哪里哪里不够美，她就一定要去整到“让那个人满意”为止。

一个好好的人，活生生活成了一个被他人的评价操纵着的提线木偶。

美吗？哪里美了？

02

我一直不喜欢芭比娃娃。

芭比娃娃都有着一张精致的脸，完美的曲线，但我在它们身上感受到的，并不是美，而是恐怖。

因为它们是死的。

用亦舒师太的话来说就是：美则美矣，毫无灵魂。所有的芭比娃娃都是从工业生产线上批量生产出来的，它们的脸和曲线都是数据计算出来的结果，好比机器人，想想就乏味。

你让她们穿哪件衣服，摆哪个造型，它们就任你摆布，它们的存在，只为了满足你的审美和趣味。

这是美吗？充其量只是美貌，而不是美感。

真正的美，从来就不是为了取悦他人的审美观而存在的；真正的美，是由内而外散发出来的，不仅有皮囊，更重要的是有属于自己的灵魂。

以前我看日剧的时候，我觉得日剧里那些女孩只看照片的话，五官并不属于“美貌”的范畴。但是，当她们动起来，你就会觉得她们的美都相当有个性。这些不同的个性其实非常吸引人。

目前国内有太多的女演员，为了满足观众的审美去做整容手术，主动做掉了自己的辨识度，审美越来越千篇一律，真的非常可惜。

有多少女孩，投入了大量的金钱、精力来折腾自己，却只不过是为了满足他人的审美。

活在他人眼光中的你，难道不就是一个真人版的芭比娃娃？

03

以前我学画画的时候，养成了一个观察外界的习惯。

我习惯观察人的脸，然后我发现，其实每个人都拥有着属于自己的独特魅力。不管是菜市场大妈，还是班里的丑小鸭，他们其实都很有自身特点，如果将这些特点展现出来，他们也可以很有魅力。

真正丑得人神共愤的人，很少很少。但遗憾的是，很多人的脸上都写着大大的三个字“不自信”。因为不自信，她们的笑容一点儿也不明朗；因为不自信，她们说话畏畏缩缩；因为不自信，她们的眼神毫不生动；因为不自信，她们走路弯腰驼背，脚步瑟缩迟疑；因为不自信，她们收敛起自己的光芒。

我想对这些女孩们说：你们真的都很美。不管你是胖，是瘦，是高，是矮，五官有没有达到某种数据，只要你笑容灿烂，眼神明亮，走路昂首阔步，挺直胸膛，神采飞扬，你就是美的。

你要相信，只要内心真的自信阳光，不管你“硬件”如何，你的“软件”都会让你的“硬件”最优化发挥，展现出比你预想的还要动人的独特魅力。

什么是美？

不是皮囊，不是数据，不是五官，不是九头身，而是魅力。

为什么我们会觉得一个五官并不怎样的人很美很帅，就是因为他有魅力。魅力是灵魂的外现，比五官这些皮囊来得吸引力要强烈多了，持久多了，高级多了。

别再为了满足他人的眼光而折磨自己那张皮了。活在别人眼光里的你，真的不漂亮。只有当你活在自己眼光里，你才会展现出你最独特的个人魅力。

这个魅力，谁也无法模仿和克隆，那才是你真正吸引人的东西，那才是你真正地充满了个性的美。

有一种“缺憾”，叫眼光短浅

O1

由于我大学里学的专业专业性不强，俗称万金油专业，所以到毕业的时候，很多同学都在为以后该从事哪方面的工作发愁，同学G就是其中一个。

有一次她拿着简历一口气投了十几家公司，首轮面试过后，便有差不多五个公司在同一时间打电话来，告诉她有意录用，并邀请她进入第二轮面试。

这五份工作分别是：文秘、销售、保险、物业、仓储管理。

同学G一下子陷入选择恐惧症中，这些工作她都谈不上喜欢，但也不讨厌，每个似乎都能接受，实习期工资也不相上下，同学G思前想后，无法选择。

于是，为了从中挑选出最优的“不会后悔”的选项，她问了很多已经毕业的学长们，也上网查了相当多的资料，包括各个行业的发展前景什么的。

她查得越多，就想得越多，各种情况，各种风险，各种未来的瓶颈限制等都一股脑儿地涌来，结果显而易见，她更加无法选择了。

她越是无法选择，越是要东想西想，完全是恶性循环。

她觉得她都快把从事这几种行业后几十年的情节都想光了，各种凶险诡谲，各种斗智斗勇，各种波澜壮阔，可以写上几本小说了。

因为老是定不下心来选择其中一两个职位进行专攻，她只能平分精力，遍地开花，准备五个不同行业职位的二轮面试。

她准备文秘资料的时候，往往想着销售该怎么做，准备销售资料的时候，又想着保险行业该怎么做……

想法太多，必然就过虑。花了大量的时间和精力不算，要应聘的五个职位没有一个是准备得特别充分的。结果可想而知，二轮面试，同学 G 在所有应聘职位上的表现都糟透了。

她花了大量的精力，却没有达到想要的效果。

《论语》里面有一句话叫作“三思而后行”。

我们以前学古文的时候，老师总是讲，古人说的“三”就是“多”

的意思，所以这里的“三思”表示的就是“多思”。

但古人也是人，有时也会讲点冷笑话。这里的“三”意思真的就只是三。做一件事情，你最多只需要想三下。如果想太多，反而会得不偿失。

02

曾看过一个故事。有个女孩儿在每年春天的上班路上，都看到一种蓝色的小花。她觉得这种小花很漂亮，她很喜欢，于是，她就总想着把小花从地里挖一些带回去，种在自家的花园里。

但是，每天下班，当她开着车经过小花的时候，她又想，挖这些花太麻烦了吧？会不会把自己的衣服弄脏啊？挖回去种哪里啊？野花适合家养吗？要是把它们养死了岂不是太可惜了？那样我会觉得很难过的。男友会不会骂我多事呢？还有如果花死了那些花盆又怎么办？会不会很碍事……

她想了无数个可能性，头脑里涌现了无数个念头，最后她想，反正这些花每天都在这里，又不会跑掉，等明天想好了再来挖也不迟。

等到第二天，第三天，她依然没有把花挖走。

为了下定决心，她还在车的后备厢准备了一把可折叠的铲子。

铲子一放就是好多天，根本就没有拿出来用。直到有一天下班回家，她突然发现公路管理部门已经把沟渠里的花花草草除得干干净净，那些蓝色小花也全都不见了。她这才追悔莫及：早知道第一次看到时就把它们给挖回去了。

想得太多却始终没有付诸行动，所以这个女孩永远地失去了拥有那些蓝色小花的资格。

03

想得过多，有时候反而是一件坏事。因为人的思想也是要消耗能量的，你把能量全部用来想东想西了，那你就没有能量去做东做西了。

相信我们在买东西时都有这样的体会：如果只让你看一两个品牌，一两种样式，你会很容易选出自己偏爱的那个，而且非常果断。但是如果同时在你眼前呈现出上百个品牌、上百种样式，你会完全不知道该选哪个了。你会觉得每种都各有千秋，你会不舍得放弃，你会忘记你原来的标准，你会不自觉看得眼花缭乱，完全不知如何下手。

这种情况，也就是所谓的选花了眼。

为什么会出现这样的情况呢？还是能量的问题。备选项太多，每一种都需要你分配出一定的注意力和思考力，去考虑和比较它们各自的优劣势。因为数量庞大，分配在每一个备选项上的能量累加起来，会消耗你大量的精力。消耗的精力太多，导致精力不足，自然无法判断，于是就觉得无力挑选了。

所以到最后，你看得越多，比较和思考得越多，反而什么也不想买了。

想得过多，会减小你的执行力度。所以人做某一件事，越是瞻前顾后，企图把各种可能性、各种后果都想到以避免风险，反而越是踏不出那关键的第一步，成为做事情只知空想而没有执行力的空想家。

以前季文子遇事就是想很多次才去行动，孔子听说后，说："想两次就可以了。"

孔子毕竟还是有些干货的。

04

有一句话叫：桥到船头自然直。

做事情，尽量少想，立马行动，只一心一意专注在眼前的事情本身，想着怎样把这件事完成，尽可能达到某种要求或标准，反而更有效率。

作为一名双子座女性，我喜欢做、想要做的事情有很多。

我喜欢写文章，喜欢画画，喜欢唱歌，喜欢玩乐器，喜欢研究心理，还喜欢鼓捣电脑、编编程序什么的……

长久以来，我一直处在这样的循环之中：今天想写文章，明天想去画画，后天想学吉他，再后天想玩陶艺，再再后天又想去研究程序……我写着文章，又想着要去画画，画着画，又会想着要去写程序……

结果，就和我那个找工作的同学 G 一样，花费了大量的精力，却一件事情也没做好。

我觉得这样不明智，于是，我采用了另外的行动模式。

比如，我的计划是在这三年只写文章，一心一意地写文章，其他的爱好暂时放一边，不去想，也不去做。将精力、时间、思想和执行力完全集中在一件事情上。

以前看这一个真人秀节目《跟着贝尔去冒险》，在丛林中，有个项目是靠双臂的力量从一根绳子的一头过到另一头，绳子底下就是黑洞洞的悬崖，虽然参加真人秀的各位明星们身上套着安全绳，但在途中还是挺挑战心理素质的，而且也需要有相当的体力。

我印象比较深的是张钧甯，她是其中过得最平稳最平静的。后来她陈述，她采取的战略是把全部的注意力只集中在她眼前不超过十厘米的绳子上，就盯着前方不远的一个焦点慢慢地挪动。

她不去想还有多远，也不去想底下就是悬崖。挪动十厘米便是成功，再挪动十厘米又是一次成功。

放空头脑，简单思想，眼光最“短浅”的她反而是最快最稳到达的那个。而其他几个人，有人一眼便看到终点，觉得太过遥远，对距离望而生畏，中途不停地问还有多远，最终崩溃放弃。有人一眼看到失败的危险，对底下悬崖惴惴不安，最终真的失败。

在做事的时候，笨一点儿，才比较聪明。

如果你过于担忧未来会面临的诸多挑战，你会觉得，目标太远，危险又实在太多，最终，你的想象力会侵蚀你的执行力，让你根本就无法迈出第一步。

没有第一步，也就不会有最后一步。

只盯住自己眼前三米，傻瓜一样什么也不多想，哼哧哼哧像个笨蛋一样做事，或许这才是聪明的吧？

所有你可能想到的后果，全部都是你的悬崖。你能无视它们，只盯着你前方三米，麻木地前进吗？

人啊，眼光适当短浅，未尝不是一种踏实的生活态度。

这世上其实没有所谓的“最好时机”

01

老陈有个朋友，毕业后在体制内工作。

五年前我们和他吃饭，他不停抒发对体制的厌恶之情。他觉得体制死板，没有活力，按部就班，完全与他跳脱、爱冒险的个性不符，他决定早点脱离。

他慷慨陈词，充满了感染力，在我和老陈认为他辞职信都已经写好了的时候，他忽然话锋一转问我们，你们觉得我现在离开体制合适吗？

我们说你不是都已经决定了吗？

他叹了一口气说，我是这样想的，离开体制后，我想创业，可是创业需要资源，起码我得先累积几年的资源。况且现在的经济形势走低并不是好的时机。我觉得还是再等一等，不然，我怕是死路一条。

我和老陈都觉得他说的有道理。

两年前，我们又一次和他吃饭。

我满以为经过这两年的准备，他早就脱离体制了，说不定创业都创得风生水起了，没想到他居然还在原单位。

老陈问他事情准备得怎样了。

他叹了一口气，反问老陈：你觉得现在的环境适合创业吗？我创业成功的可能有多大。

老陈说：看起来是不大适合，不过你准备了这些年，应该胸有成竹了才对。

他摇摇头：创业哪是那么简单的事？一不小心就失败了，所以我必须要等到天时地利人和的那一刻，看准时机才下水。

数天前，老陈无意中说起他，我才知道，这个人到现在都还没脱离体制，他的创业大计更无从谈起了。

也不知他的天时地利人和的时机，是在五年后，还是十年后？只怕那时有天时了，有地利了，人却不和了。因为时光被蹉跎，人都老了啊！

02

我觉得天时地利人和之说害人不浅。因为很多人只要一做事，就必然要提到这个概念。他们常说：天不时，地不利，人不和我要怎么做？于是，他们非得等到三个条件全部满足才着手做事，以为这样就不会失败。但要等到猴年马月这三个条件才能全部满足啊？

实际上，天时地利人和虽然说的是最好的一个状态，但这个状态向来是可遇不可求的。

你要遇到一个三个状态全都满足的情况，估计和中彩票的概率也差不多了。哪有那么多天时地利人和？满足一个条件都已经是万幸了，何况要三个条件全部满足。你就是等一辈子，恐怕也等不到一次天时地利人和的情况。

当天不时、地不利、人不和的时候，我们就该躺在床上无所事事了吗？

其实，所谓的天时地利人和只不过是你想要拖延的借口而已。你害怕失败，对自己信心不足，决心不够坚定，所以才会如此依赖所谓的天、地、人。

你以为等到天时地利人和的时候，你就可以像开了挂一样，不费吹灰之力便取得成功？你哪是在等待时机，你明明是在等待成功从天下掉下来。你是不仅害怕失败，还想不劳而获。

数年前我在大学教书，但我没有什么耐心，对教学也不感兴趣。虽然教过的学生那么多，我却无法从中获取成就感。我不具备传道授业解惑的美德，那些太过书本的知识也让我没有研究的兴趣。而且大学太清闲，我觉得我是用青春过着老年人的生活，快废掉了。所以我决定离开那个大学。

我做出这个决定之后，众人都惊呆了。

我妈给我打电话，各种威胁企图让我放弃我的决定，她的理由是：大学教师有社会地位，说出去非常有面子，教学任务也不重，环境也没有其他单位复杂，她实在想不通我为什么要放弃一个这么好的职业。

我爸也认为我连这样一个工作都放弃，真是太不知好歹了。他甚至放话说我要是辞掉了这个工作，他就和我断绝父女关系。

同事们也都劝我：大家还不是都这样混混混啊？有个工作混着，虽工资不高，总比没有的好。

朋友也说：没一个单位是轻松的，你工作够清闲的了，你看看我们，累得像狗一样啊。

他们以为我想要的不过是钱多，事少，离家近，可我只是知道自己不喜欢也不适合。

我的目标非常明确。我离开，不是因为那个工作不好，不是因为我怕辛苦，而只是那个工作与我格格不入，让我无法发挥出我的能力，我的特长，也不属于我的喜好。

当时只有老陈支持我离开，是老陈平息了我爸我妈的怒气。

我有一个择业观。我认为择业的第一要素是自己的喜好，择业的第二要素是能否发挥自己的优势和特长。我就是想要让自己喜欢的事成为我的职业，并在职业中发挥自身的特长。什么钱多、事少、离家近，完全不是我考虑的因素。为了我喜欢的事，我可以钱少，事多，离家远。

当时我下了决定，并立刻就离开，看起来似乎太冲动了，但实际上，我在大学里的5年，已经足够让我看清我想要的是什么。一旦看清，我就一分钟都不愿再耽搁。

什么是天时地利人和？你决心够坚定的那一刻，就是天时地利人和之时。

即使天真的不时，地真的不利，人真的不和，你也可以为了你想要的东西，尽一切可能地创造出天时地利与人和来！

03

我读大学的时候还遇到过这样一个人。他很喜欢我的一个室友，但大学都毕业了，室友还不知道他喜欢她。

有一次他向我倾诉对室友的爱慕，说他是多么多么痛苦，多么多么想要她成为他的女朋友。当时我室友正好是空窗期，我就建议他大胆地去追她看看。

他叹了一口气说：现在追不好吧？她虽然空窗，但是前一段感情刚刚结束，肯定还没走出来，我再等等，等到合适一点儿的时机再向她表白。

他的确足够有耐心，一直等到我室友有新男友了，他都还没表白。

我去给他通风报信，他又叹一口气：既然她有男友了，我这时去表白算什么啊？起码也得等她和男友分手啊。

室友果真与男友分手了，他还是叹一口气：她现在正伤心着呢，我这时去表白太不合时宜了，等等吧。

这一等又等到室友交上新男友。

他就在这种无休止的循环中，等待“最好的时机”。但“最好的时机”还没有来，大家就都毕业了，各自奔赴不同的城市，他也永远失去了表白的机会。

这世上其实没有所谓的“最好时机”。最好时机不属于时间的概念，它根本无法在时间刻度上被标示出来，它不在未来不在过去也不在现在，它只在于你的内心。

当你具有足够强烈的动机想要去做成并做好某事的时候，那就是你做某事最好的时机。很多时候我们不是准备好了才开始，而是开始了才准备。

常常有人会问你准备好了吗？真相是你永远也无法准备好。不论你做什么事，不论你是创业、表白，还是做出选择，你根本无法把方方面面全部准备好。

或许，准备好了就是一个最大的谎言。

实话应该是你开始了吗？你的内心会告诉你什么时候你该开始了。听从你内心的指示，而不用去考虑什么天时地利人和。一旦你投身到了行动中，行动就会给你指引，它会告诉你，哪些地方你还需要强化，你的优势和劣势分别是什么，你最适合怎么做，还有哪些条件你需要去创造。

就好比学游泳，待在岸上的你，无论教练怎么说，怎么讲解，你都不可能学会。学游泳的最好方式，就是跳进水里。只有身处水中，你才能知道怎么游才合适，你会找到最适合你的一套游泳方法，并发现自己游泳时有哪些优势和缺陷，然后在行动中一一改进。

学游泳的最好时机，便是你下水的那一刻。

千万不要去等最合适的时机才开始，因为你可能一辈子都等不到一次。这世上根本没有合适的开始，只有开没开始。

只要开始了，就是最合适的时机。

在爱情里，我们都是穷人啊

01

小文是我一个朋友，今年32岁了。

那天她把我约出来，和往常一样，我们逛了会儿街，累了后就进星巴克坐一下。我察觉到她似乎有点不对劲。作为话痨一枚，今天她却安静得太过分了。我看见她两只手搅着面前的咖啡，一会儿，叹出口长气。她心情不好，已经表现得这么明显了，我再不问问就太不够朋友了。

于是我问她：怎么了？公司里遭遇了烦心事，还是你妈又催你去相亲了？她不答，只叹口气，又搅搅咖啡。

在我的一再逼问下，她才说明了缘由。她说她好像有点喜欢上她部门的前辈S了。这个叫S的前辈，比她早几年入公司，现在是美术总监，很有点才气。更重要的是，他长得不错，身材不胖不瘦，平时喜欢健身。她私下调查过S的业余爱好，知道了他喜欢看书、看电影，文艺青年一枚。她很高兴，因为这也是她的爱好。

但是，虽说是她的前辈，年龄却比她要小。她曾偷偷到人事部看过他的资料，发现他今年才刚满28岁。这个信息让她沮丧无比，于是，经过深思熟虑，她决定放弃。

在星巴克里，她握着面前那杯咖啡，无比沉痛地说：我知道我和他必定是没有未来的，所以，还不如不要开始。没有开始，就没有结束。

她用双手捂住脸，许久之后才又说：做这个决定的一瞬间，我感觉自己的心都老了十岁。

那就不要放弃啊。不过是年龄比你小几岁，在现在这个年代，这还很重要吗？你们明明兴趣爱好都一样。而且，你都还没告诉过他，他都还不知道，怎么就你这里单方面决定结束了呢？

我劝小文，鼓励她起码要先告诉S，由他们两个来一起决定他们的未来。我知道小文一向心高气傲，本身也很有能力，难得动一次真感情，我不想她就这么放弃。

小文却只是一再摇头，坚持所谓的没有开始就没有结束的感情观。但我知道，她实际上只是害怕被S拒绝罢了。

几个月后，那位S前辈和小文公司里另一个女孩谈起了恋爱，让众人都大跌眼镜的是，那个女孩离过婚，而且年龄比小文都还要大一岁！但S前辈根本不在乎，对女孩好得很。

小文得知消息，眼泪汪汪地跑来抱着我大哭了一场。也就是在这时，她才意识到S在自己心目中的分量之重，她对S的爱意之深，可是，一切都已经迟了。

02

大学时，同寝室的女孩们喜欢和男生寝室的几个男孩一起玩。大家热热闹闹地一起去看电影，一起游山玩水，一起出去吃饭。也就是在这些玩耍的过程中，没有说出口的暧昧，开始在男生和女生之间流动。

当然，大家都是好朋友，但在一起吃饭的时候，在一起玩耍的时候，很容易就能看出来，A男生似乎喜欢B女生，B女生又似乎喜欢的是C男生，而C男生似乎又对D女生更感兴趣……于是，小小的喜悦幸福，或伤心嫉妒等微妙的情感伴随猜测而生。

那时候，每个人的心中都是辗转难安的。

还记得那时，A男生经常跑到我面前问：B今天怎么没来上课？

B 除了喜欢听音乐还喜欢干什么？ B 有没有对你讲过她以前的故事？

我就回他：你那么喜欢 B，那告诉她啊！我哪知道 B 那么多的事？

A 男生一脸痛苦：我怕告诉她，她不喜欢我，我们连朋友都做不成。

而 B 女生呢？却常常跑到我面前问 C 男生的事。因为我和 C 男生是发小。

我被问烦了就回她：你那么喜欢 C，那告诉他啊！如果你不想亲自说，我可以去给你说啊！

B 女生此时的表情和 A 男生一模一样，连话都差不多：千万不要！我怕告诉他，他不喜欢我，我们连朋友都做不成。

我：……

好累有没有？

再说当时我自己，也同样被感情困扰。当时我喜欢那群男生中的一个，但是，我同样和 A 男生、B 女生一样，在喜欢的人面前就怂得无论如何开不了口啊。

如果当时有人来对我说：你那么喜欢他，那告诉他啊。我恐怕也会说出和 A 男 B 女同样的话来。

于是，每当我们一群人出去玩的时候，在饭桌上，在草地间，在电影院，其间的目光传递信息之丰富，几乎无法用语言形容。

每个人的目光都不想离开喜欢的人，但是又害怕被喜欢的人猜出心意，于是那目光逃离，交融缠绵，痴痴凝望，沉痛悲伤，忧心忡忡，热度无限等，可以直接在桌面上演出 N 多部虐心言情剧出来。

让我来告诉你，这 N 部虐心言情剧的结局是什么。

我喜欢的那个男生，最后和另一个系的女生成了一对。是那女生看上的他，然后大肆追求，终于成功地把他追到了手。我为此躲在没有人看见的地方，哭了足足一个星期，难受了足足一个学期。

但是怎样呢？你哭你的，他几乎都不知道你喜欢过他。

C 男生和同班的另一个女生好了。那女生不属于我们这一群，平时和 C 男也几乎没有什么交集。让她和 C 男走到一起的契机是一次运动会。她不小心被 C 男绊了一跤，两人自此才熟稔起来。

所以，B 女失恋了。B 女失恋后大受刺激，在学校外面的小饭店里喝酒喝到吐，一边吐一边哭。最后是我们把她抬回来的。

但又怎样呢？你喝你的，他几乎都不知道你喜欢过他。

B 女后来随便找了一个人来做她男友，于是 A 男又失恋了。

A 男失恋后，便心灰意冷，脱离了我们那群。B 女不想看到 C 男和他女友，也脱离了。我也没兴趣天天看喜欢的男生和女朋友卿卿我我，于是也和他们玩得少了。

所以，我们那群人就这样散了。

03

有一个很重要的东西，叫作时间。我们常常说，时光易逝。还有一个很重要的东西，叫作机会。我们常常说，机会难得。我们都知道它们很重要，但实际的情况却常常是：我们虚度着无数的光阴，浪费着手边一个又一个的机会。

在爱情里，我们似乎都成了土豪，不然，为何虚度和浪费表现得如此明显。我们总是对身边的朋友一遍遍地言说，自己有多喜欢那个人，为了那个人我们是如此痛苦，甚至我们为那个人悄悄做了很多很多的事情，而对方却从来不知道。

你有勇气为那人献出一切，却没有勇气去告诉他？你有勇气为他而痛苦，却没有勇气去告诉他？你有勇气为他做那么多的事情，却没有勇气去告诉他？你有勇气去认真地爱一个人，却没有勇气去告诉他？

为什么有那么多的人在爱情里成了胆小鬼？你真以为这样很萌很戏剧吗？你真以为这样可以显得你更痴情，从而可以得到更多人的喜爱吗？

那么，你喜欢的那个人被人抢走了，你显得很萌有什么用？你得到更多人的喜爱又有什么用？你不告诉他一天，他被人抢走的危险就上升十个百分点你知道吗？

如果你怕被拒绝，如果你缺乏勇气，那就想想眼睁睁看着他被人抢走而无能为力时的情景。即使被拒绝，也好过那时的无能为力的痛苦啊！

如果你明明知道他有可能会被别人抢走，还是选择不告诉他，那你就不是爱着他了，你更爱的是你自己。

我曾经就有这样一个信仰：打死我也不会主动对人告白！因为我怕拒绝。因为我怕自尊受到伤害。我坚持了这个信仰，效果很明显，我喜欢的人一次次与我擦肩而过。

这个信仰很有好处吗？它是保护了我的骄傲，但错失的是什么？遗憾，一辈子的遗憾。

骄傲不是体现在这些地方啊，并不是你向对方表达了爱，你就低人一等。你只是在表达，而不是在祈求。你只是在希望爱，而不是在向他乞讨爱。最坏的结果，也就是被拒绝而已，被拒绝好过错失。

只是可惜，时间过去了就不会回来，机会失去了，就不会再有。

当你想要重来的时候，才发现，一切都不会重来了。

你觉得自己在爱情里可以做挥洒时间和机会的土豪吗？在爱情里，我们都是穷人啊，手里握着的时间和机会都少得可怜。就是这样，你还要浪费吗？

假如，你已经浪费过，那你还要浪费第二次吗？假如你已经浪费了两次，那你还要浪费第三次吗？

请对喜欢的人告白。你连告诉他都不敢，你还说你爱他？

一生不喜与人争，该得到的也别让

01

大学时，同寝室有个胖胖的女同学，长相一般，也不爱打扮。但这个女同学工作能力挺强，一直是校学生会成员，班长也当了好几届。

到大三时，寝室里很多女生都有了男友，或已经谈过男友，有些还换了好几个，这个同学却一直没谈过恋爱。那时，大家都已经开始各种忙，寝室里经常是人烟稀少，床位空荡。

有一次，我偶然回寝室，碰见这个女同学就聊了几句。

女同学有些犹豫地说，学生会里有个同级男生在追求她，她也对对方有好感，但她很犹豫，不知该不该答应男生的追求。

一个人在问你他该不该去做某件事的时候，一般都是想去的。

但女同学既然如此犹豫，必定也有原因。于是我就问她。

女同学刚开始说，快大四了，男生毕业后又会出国，她怕投入了感情，到时分开会很难受。

后来才又说，男生长得很帅，而且是学生会主席，家庭条件也不错，一向不乏漂亮的追求者。自己父母离异，家境差，又这么胖，这么土，实在不知道男生为什么要来追求她。

她还说，有很多女生都对她说，男生追她，不过是为自己拉联盟拉选票，甚至还有人说，男生那么多漂亮女生都不要，却来追她，肯定是为了要羞辱她……

然后她就拉着我不停问：我是不是真的很胖，长得一般，也不会打扮？

我这才知道，原来出国什么的都是小 case，让女生犹豫的根本原因在于她不自信。她认为自身没什么出众的地方，不值得别人爱，怀疑男生追求她的目的不纯粹。

虽然我一直鼓励她要勇敢，不留遗憾，但是女生最终还是拒绝了男生。

数年后，我们再次见面。

女生减了肥，也懂得了打扮，颜值身材把以前的自己给甩了好几条街。

谈起当初那个男生，她一脸懊悔，说她毕业后这么多年，也认识了不少男人，但是竟然没一个有当初和那个男生在一起时的那种默契舒适的感觉。

她轻易拒绝一段感情，让男生和她的未来从指缝中溜走，以为还会再有，哪里知道，上帝会如此吝啬，给予了一个，便已是足够。

如果当初自信一点儿，她的人生轨迹会不会就不一样了？

02

因为自卑，你错过些什么？

从前，英国有个女医生叫富兰克林。她从自己拍摄 X 射线衍射照片中发现了 DNA（脱氧核糖核酸）的螺旋结构。经过研究，她大胆地提出了假说，并以此为题做了一次很出色的演讲。

然而，许多人对她的发现提出质疑，怀疑她的照片的真实性和假说的可靠性。在这些压力下，富兰克林自己也开始怀疑自己。因为她只是一个普通的医生，提出这样高深的理论问题，会不会是太不自量力了？

她动摇了。于是，她公开否认了自己提出的假说，也没有再继续研究下去。

后来，另外两位科学家在这个领域的研究中取得重大成果，并因此获得了诺贝尔医学奖。但他们最初关于DNA结构研究论文的发表，是在1953年，比富兰克林的发现晚了足足两年。

不知道富兰克林本人后来知道了这件事，是不是肠子都悔青了？

身边几乎到处都是因为自卑而轻易放弃或者错失的例子。

比如说我吧。我高中的时候学过一段时间的画画，为了画画我还去参加了一个美术提高班，幻想之后可以当个流浪画家，结果被班上的几个同学给秒杀了。

我立刻便怀疑起自己的艺术天分，并最终退出了那个班。

受不了挫折，归根结底也是一种自卑。

因为不够相信自己，觉得自己不过是万千大众中普通的一员，而能做出大成就的人，是从出生起就开了挂的。正因为相信别人开挂，所以自己放弃起来也特别心安理得。

网上还有个朋友说，以前同时有两个男人追求她，一个长得特别帅，家境特别好，修养也好，而且还是毕业于斯坦福大学的学霸，他们在一起特别谈得来。

另一个人呢，则是和她一样普通的人（她认为的），就是她从小到大在周围环境里经常见到的那种男人。虽然也是毕业于国内一家名牌大学，家境也还可以，但不怎么修边幅，谈吐也不见得多有修养，长相和身材都普通，他们相处起来，感觉一般。

这个朋友觉得，自己也就是普通人一个，不见得有多漂亮，也不是白富美，配不上那个优秀的男生。所以，她最终选择了那个普通的男生。

后来事实证明了她选择的错误。

她以为自己和普通男很相配。你看，学历、长相、身材、家境等都差不多，所以她觉得自己只能配这个男生。

婚后她才发现，那个男生除了工作，就是整天吃喝玩乐，看黄片，飙脏话，放假就整天躺床上睡觉。她呢，喜欢积极向上的生活，去参加了很多的培训，也喜欢到处旅游增长见识。

他们或许什么外部条件都相配，但若论三观和精神境界，女生明显比男生要高出一大截。

现在她悔不当初。

也许不少男人以为女人都想“攀高枝”，然而在现实中，因自卑而总是选择低于自身水平的男生的女生，却也有那么多。

其实，无论是工作、感情还是技能，你最需要解决的，就是你的自卑。因为自卑，即使把机会端到你面前，也会被你白白浪费。“配不上”“做不到”，就是自己给自己设置的一个樊笼。

03

为什么周围自卑的人那么多？

从根源上讲，源自我们小时候父母或所处环境过度严格的管束。父母或者周围环境对小孩的要求总是很高，小孩子达不到，就会经常觉得自己很失败。

自卑也就从此扎根了。另外，如果一个人的愿望或梦想经常受到他人的嘲弄，不被理解，也会导致人的自卑。

理智地想想，在一个人做某件事之前或过程中，自卑就已经产生了，而不是产生在某件事完成之后。比如我那个同学，她根本没有和男生真正走入感情，就已经选择了逃避。

换句话说，自卑的人在做某件事的时候，一直是在怀疑自己“做不到”的，这个时候稍微遇到一点儿挫折他就会归因为“能力”“容貌”“出身”等一切无法改变的因素。其实，他是在潜意识里无条件地认为自己“做不到”。

请注意这个词——无条件。

那么，他这种潜意识又是从哪里来的呢？

我一直认为他人的评价对一个人的人生轨迹有着很大的影响。如果一个人从小就生活在不被承认、不被重视和肯定的家庭环境中，那他得经过多少次“被否定”的语言洗礼才能站起来？

以前我有些亲戚根本看不到他家小孩一点点的优点，整天就是批判，否定，比较，谴责，抱怨……结果显而易见，原生家庭带来的阴影，最终会成功地遮挡住一个人所有的光芒。

这些亲戚家的孩子们，小时候都还聪明伶俐，长大后却几乎活成了他们父母的翻版，做着和能力明显不搭的庸碌工作，或嫁或娶了明显不合适的人。

自卑的人，总觉得自己不配拥有好的东西，不配有梦想，不可能有光芒，所以他们放任那些宝贵的东西从身边白白流过，害怕主动去追求，而宁愿俯首捡拾脚下他们并不想要，却又觉得自己只配拥有的“稀松平常之物”。

04

亨利·林肯说：在有些人因为自卑踟蹰不前的时候，另外一些人却忙着犯错从而变得更优秀。

自卑的人，特别害怕犯错。因为在他们看来，犯错就是一种失败，而失败是在强化他们无条件认为自己“做不到”的潜意识。所以他们常常选择做一只鸵鸟，不碰，不主动，不追求，所以也就永远不会“犯错”，也就不会失败。

他们以为这世界上只有他们会失败，那些拥有光环的人，都是从来不失败的。然而，拥有光环最多的人，往往也是遭遇到失败最多的人。

肯德基的创始人哈伦德·山德士失败了1009次。华为的创始人任正非说：我天天都在思考失败。

其实，自卑的人怕的不仅仅是失败，而是失败后内心对自己的苛责。对于一点点的错误，他们甚至可以谴责自己数年之久。

其实，大家都是人，不是神，谁会不犯一点儿错？即使犯了错，天也不会塌下来啊。

错误并不可怕，而且只有犯错，才有可能进步。

你还在因为一点点小事没做好，就在谴责你自己吗？

放过自己吧，你犯错，才证明你活着。别因自卑，把自己活成了一具行尸走肉。

小孩子说：我喜欢糖，我想要糖。而你，明明喜欢糖，却不敢说，也不敢要。

做个快乐的孩子吧，喜欢就喜欢了，要了就要了，爱了就爱了，哭了就哭了，错了就错了，无论你做什么，世界会依然安好，运转正常，天不会塌下来，而你有血有肉，活得才有个人样。

为什么你每次告白都会被拒绝

01

在无聊的大学时代，不求上进的我看过很多部言情小说。

当时我觉得特别奇怪的一点，就是在很多很多的言情小说里，都拥有着一个相当生猛的女主角。常见的桥段是：精力旺盛的女主角，在自习室、在林荫小道、在操场、在图书馆前、在计算机房，总之，在大学里任何一个角落都有可能突然跳出来，拦在我们酷得像冰一样的面瘫男主角面前，一脸霸（无）气（赖）地说：你告诉我，你喜不喜欢我！

男主想要躲开，却被女主拉住衣袖，拉住书包，拉住整个人……

每次看到这样的桥段，我都很尴尬。我觉得正常情况下，男主此刻内心的尴尬感应该不会亚于我。

但是，小说里面的神发展往往却是：冰山男主觉得此刻的女主超级可爱，觉得女主“和其他女孩都不一样”。然后结局往往就是火一般的女主，凭此成功攻入了冰山男主的内心，成功赢得了冰山男主的爱情。

拥有这样剧情的小说很多，比如，前几年被拍成电影的《致我们终将逝去的青春》和著名经典日剧《一吻定情》。

但是，如果你要把这种方式搬到现实生活中，你就准备碰一鼻子灰吧。因为这些都是小说。

小说是对现实生活的再创造，是基于现实生活创作出来的。所以它并不等于现实生活。一个作家如果写的小说和现实生活一模一样，是没有什么人会去看的。因为大家都不想看到现实生活的翻版。

大家想看的，是理想中的生活。理想中的生活，有时候正是现实生活中的反面。换句话说，是在现实中不可能发生，不可能存在的。

所以，如果你想自己像剧中的生猛女主角一样，直截了当拦住男神就来一句：我喜欢你！通常情况下，男神是会被吓得花容失色，落荒而逃，从此将你列入黑名单的。

有朋友就说了：也不一定啊，我认识的某某就很霸气啊，当初她就是直截了当对她男朋友表白，结果就成功了啊。

其实，你只看到表面情况。你了解这两人的实际状况吗？在女孩说喜欢之前，两人是不是早已心心相印了呢？

而且我还想问一句：你口中的某某颜值怎么样？

好了，大家都明白了吧。

高中时，我很喜欢班里一个男生。

那天，我们在上学路上偶遇。于是我们并肩走了一条街，一直在谈话。谈老师，谈同学，谈将来，谈人生，谈看过的书。气氛很融洽，我简直觉得我们快成知己了。

正是秋高气爽的季节，突然一阵风吹过，漫天的银杏叶就纷纷扬扬像黄金雨一般洒在我们的肩头，我们的衣服，我们的头发上。此时我和他刚好走到一条没什么人的僻静小道，我觉得天时地利人和了，内心简直要狂笑三声。

然后我抬起头，用长满了青春痘的脸对着他，我好后悔前一天没有洗头，也不知道头上有没有大片的头皮屑，但我还是鼓足勇气说了。

你以为我要说“我喜欢你”。

NO。

当时，我考虑再三，说的是：“你是不是喜欢某某某（班上某个女生的名字）？”

我看到他脸上的表情一下子就僵硬了，随即，他低下头也不说话了。接下来的那段路我们走得尴尬无比。

但我从此知道了，如果一个人要刻意跟你保持距离，你是完全可以感觉得到的。那天，余下的路途上，我就能够明显感觉到他的刻意疏远。

我很伤心，但也很庆幸我没把我喜欢你明白地说出口。所以，我可以发挥鸵鸟精神找借口来保护自己，从而还有勇气去接受或告白第二份爱。

我是曾建议大家如果有喜欢的人，一定要告诉对方，不然会留一辈子的遗憾。但是，这里的告白是有技巧的。

在告白的同时，记得要合理地化解可能会有的尴尬，最大限度地保护自己的尊严。

02

爱需要表达，但时机很重要。

有些女孩儿像一把火，爱了就爱了。恨不得马上把自己的深爱，在大庭广众之下用大功率麦克风向全世界宣布，一刻也不愿犹豫。

懂得抓住机会是对的，有勇气是对的，但也要看时机啊。比如，两个人才刚刚认识，别人对你都还不熟呢，你动了心，但对方呢？

如果对方也动了心，两人一拍即合，倒也皆大欢喜。但这种一见钟情的情况太稀少了啊。更多的情况是，对方是个脸盲，而你此时奔过去直截了当告诉他：我喜欢你！他估计会被吓得虎躯一震，一脸茫然：你谁啊你？

再不幸的是对方是个慢热保守型的，你如果一开始就表现得太热情太疯狂，恐怕会令他尴尬，把他给吓走。而且，人都有一种心理，越是求而不得的，就会觉得越珍贵，越是主动求上门的，就越轻视。

比如，现在流行的饥饿营销，就是利用人这个心理。

大家都喜欢抢购东西，至于抢购的东西有没有价值，对自己有没有用，适不适合自己，在看到别人都在疯狂抢购的一瞬间，绝大多数人都会失去理智，头脑里只剩下一个欲望：大家都在抢购，一定是好东西，我一定要买到！

所以，除非你已经明确了对方也对你有意思，否则，千万不要在刚刚认识的时候就表白。

我的建议是：哪怕你已经明确了对方对你的好感，你也不要急着表白。

仔细想一想：你既然已经明确了对方对你的好感，还需要自己去表白吗？如果他对你真有好感，他迟早会忍不住。你要在比拼一段耐力之后，再视情况而定是否主动表白。

当然，如果你碰上的他是个超级傲娇，你也确实非常喜欢对方，拉锯战之后迂回表白一下，也未尝不可。

如果你不能确定对方的心意，那就更不要急着表白了。

不表白怎么办？苦苦等待吗？

此刻毫无作为的等待无疑是一种浪费。浪费时间，浪费机会。我说过，在爱情中，时间和机会都很珍贵。正确的做法是：用各种非语言信息，比如，通过眼神、表情、肢体语言、动作细节等进一步确定对方的心意。

你要相信，他如果对你有好感，无论你神经如何大条，反应如何迟钝，你都是能感受得到的。你看他，他会有眼神回应。你不看他，也能感受到他在时时刻刻看你。你不开心，你不舒服，你还没说话呢，他就知道通过各种方式安慰你，关心你。

如果你感受不到，那就不要告白了，直接抽身而退吧。比如，你已经通过一系列肢体语言暗示了自己今天不开心，或者身体不舒服，他依然没有任何反应。他眼光在你身上从不停留，你说的话题他没兴趣，等等。

如果你不死心，你还想争取一下，那就得努力在他面前刷各种存在感，让他通过你的言谈举止、兴趣爱好等对你产生兴趣。如果经过一段时间的努力，他仍只把你当成损友，目光不在你身上停留，或停留的时间很短，那就趁早全身而退，你们没戏。不要把时间浪费在他身上，他不是你的目标，下一个才是。

03

爱需要表达，但方式很重要。

我说过，对喜欢的人一定要告白。被拒绝胜过眼睁睁看他被人抢走而无能为力。但告白，不是非要说出口不可啊。

告白的方式其实有很多种。肢体告白，玩笑告白，眼神告白，都是告白的好方式。

我的建议是：能够用非语言形式的告白，就不要去用语言告白。

有研究表明，人对于异性的眼神和肢体语言是很敏感的。你如果喜欢一个人，用眼神比用语言管用得多，在一定程度上也会缓解尴尬，保护自尊。

比如，在聚会上，你若有若无地用眼神去看一个人，你要相信，你传递给他的信息，他绝对收得到，而且相当准确。如果他对你有意，他不会对你的眼神视而不见。如果视而不见，那就只能是无意了。

虽然你并没有说出口，但也已经告白过了。这种时候，有一种情况比较难以把握，那就是大家本来就是好朋友的情况。

大家本来就是好朋友，而不是刚刚认识的陌生人，眼神的交流，以及关心、关照等在好朋友之间也很普遍地存在，那么，此时你如何分辨对方是对自己有意思，还是只把自己当成死党呢?

我的建议是：此时，最有效的方式是多制造和对方单独相处的机会。因为没有其他朋友在场，是获取对方对你态度的信息最准确的时机。

此时，千万不要和他谈论其他朋友，也不要和他谈论什么书籍、电影、哲学等高大上的问题，更不要谈什么工作、前途等接地气的问题。

你要相信，你谈那些只会加深你们的友情，对你们的爱情一点儿作用都没有。

那谈什么呢?什么都不谈，沉默。

可能有人说，那样不会很尴尬吗?但我要说，只有在沉默中，在安静中，才能过滤掉所有属于你们之间“朋友”身份的干扰信息。

那些属于“朋友”的话题，完全可以等和其他人在一起时谈啊。你们既然单独相处，一定要把彼此之间“朋友”的感觉区分开来。此时，大量非语言信息就可以派上用场了。沉默并不等于不交流，交流的方式不是只有语言。

非语言的好处在于，传递的信息足够准确，又可以因为没有明确地说出而可以被无限解读。

在表白的时候，要记得“留白”。这不仅可以丰富你们感情的余味，也可以给自己留一条退路。比如，你可以沉默地凝视着他的眼睛，或打量他的脸。在对方感到奇怪或脸红的时候，说一句：“怎么以前都没发现，现在看来你脸上那颗痣还长得挺有味道的。”

对，被你发现了，这就是赤裸裸的勾引啊。此时，你只需要观察他的肢体语言和表情，就知道对方接不接招了。如果你还不能判断，最好的办法，就是下次继续约他单独相处。

相信你这次异于以往的表现会给对方留下相当深刻的印象，所以，如果对方下次接受你的邀请，或者对方来主动邀请你，那意味着什么，我相信你已经知道了。

O4

爱需要表达，但坚持自我和手段也很重要。

如果你已经通过种种非语言的形式了解到对方对你没有意思，就不要再想着要把爱明确地说出口了。那只会造成尴尬和对自己的伤害。

有些人，不仅明确地把爱说出口，在已经遭到对方拒绝的情况下，还采取各种极端方式疯狂地追求对方，以为对方迟早会被自己的痴情感动到。

我想说，这种小说里的情节成功的概率很小。而且，即使勉强成功了，你在感情里会始终低人一等。

因为这段感情是以你抛弃自己所有的自尊求来的。

我想没有人可以忍受自己长期被所爱的人轻视。你能忍受自己被所爱的人看轻，那你也就不是真正爱对方，你只是想得到对方。此时你和他在一起，就已经是一个悲剧了。还不如在知道对方不爱你的时候，就决绝转身而去。

在感情里，决不能有一丁点儿的祈求。

以前我认识一个姑娘，长得有点胖，相貌也很普通。但她男朋友却是很瘦很高很帅，是被很多女生当成男神般的存在。

当大家知道她男朋友是谁时都惊呆了。刚开始我们都以为是那女生狂追烂缠追上的男生，后来才知道是男神倒追的她！而且男神明显对她一脸宠溺。

我们再一次被惊呆。

你一定要问那女生到底有什么魅力，使得男神视全校诸多美女为无物，偏偏要去追她这样一个丑小鸭。

事情是这样：

那男生虽然很帅，但性格比较内向，不擅言谈。那女生虽然长得很一般，但情商很高。虽然是女生主动去认识的男生，但那女生一直在男生面前保持着很清高的形象。

她很少去主动联系男生，但在男生心情不好或者需要她帮助的时候，她总是像神一样突然出现在男生周围，并及时伸出援手。而在男生不需要她的时候，她决不主动出现，甚至在男生有时主动约她出去玩的时候，她也能控制好自己适当拒绝。

如此一来二去，用男生的话来说，觉得和她在一起“很舒服”。慢慢地，男生就喜欢上了她。到后来，她完全成了男生生活中不可或缺的存在。

比如，男生喜欢安静，讨厌应酬。她便包揽了男生应酬场合所有的工作，却从不以此居功。反而对男生说，她欣赏他安静的心性，她觉得他是尘世中的一泓清泉，所以，她要保护他的心性不受尘世所扰。

她从不对男生说我爱你，这句话反而经常出自男生的口中。即使她从没用语言表白，谁又能怀疑她对男生的爱？想象一下，如果这个女生一开始就对男生采取疯狂追求的手段，男生有可能理她吗？

综上所述，我觉得应该把那句话“爱了就要说出口”换成“爱了就要表白”更好一点儿。

对于女性来说，并不是爱了就要直截了当用语言表达出来才显得你更有勇气，更单纯可爱，更懂得为爱情牺牲。那是偶像剧的脑残情节，在现实生活中，除了被认为勇气可嘉、很傻很天真之外毫无用处。

所以，爱并不一定要昭告全世界才显得你的爱情更深刻，更伟大。如果你爱了，请表白。但你只需要让对方知道，不需要闹得满城风雨来烘托你爱情的伟大，那不明智。除了感动你自己，感动不了任何人。

这个世界不光看脸，还看你的姿态

O1

大学毕业我去找工作。我琢磨着要把自己给包装一下，让自己显得成熟点，于是就跑去买衣服。

我先去了某大型购物中心，想着好歹买点上档次的品牌服装。结果一看标签价格让人咂舌。那时我花的还是家里的钱，觉得父母挣钱也不容易，我一下子花掉那么多，就为了买一套衣服，实在是不值得。

于是，我转身去了路旁的廉价小店。我挑了一件当时我认为显得特别成熟特别正式的大衣。我还买了一双高跟鞋，鞋跟足足8厘米。

事实证明，我太乐观了，完全高估了我适应环境的能力。我穿着那双鞋根本无法走路，只能站在原地摆摆 pose。

当然，办法远比困难多。

我解决困难的方法就是提着那双鞋去面试，在进面试房间前两分钟快速换好高跟鞋。十米内的距离我拼了命还是能够勉强支撑的。

我还化了点儿妆。当然装备都是向同学借的，那时我只会用大宝洗面奶。

我把妆化得充满了艺术性，然后就去面试了。面试官一看我，就满脸神秘地微笑。我还自我感觉良好，看，面试官笑了啊。

面试官问我对他们公司有什么了解。我觉得我机会来了，心想绝不能一问三不知，让自己表现得像个白痴。于是我开始神侃。

或许是那天面试的人比较少，面试官很有空，他一直在听我侃，时不时在脸上浮现出那种神秘的笑。我把自己各项技能都吹到顶点，一边吹一边想，原来我有这么多优点啊！面试官终于打断了我，叫我回去听通知。我高兴得差点没飞起来。气氛好融洽有没有？面试官好友善有没有？我觉得我被录取的可能性有200%。

两天后，我收到一封邮件，言明我没有被录用，并详细说明了我没有被录用的原因。

他们说，从我进门开始，他们就发现我走路的姿势很奇怪。于是他们仔细观察了我的鞋，发现是鞋跟太高。同时，他们还详细审视了我的着装、头发、指甲，还有妆容。他们得出的结论是：从我的头顶，到我的脚，每一寸的打扮都和我整个人的气质完全不搭调。包括我后面的神侃，这些人精们都可以明显看出，我不过是在虚张声势。

他们说，适合别人的不一定就适合你。一个连自己的外表都不知道该如何打扮，不懂得扬长避短，不能带给周围的人舒服观感的人，也不能奢望他对自己的工作会有多了解多认真。

我目瞪口呆啊：这理由也可以有？不就是看脸吗，还说得这么高大上？

02

数年前我清理衣柜，看到一件黑乎乎的、好像是我妈的衣服。拿出来一看，我吓了一跳，竟是毕业时我买的那件面试服。

我再度看看它的款式，想不通当年为什么竟有自信穿这样一件衣服去面试！真的不会被当成神经病赶出来？这衣服拿去给我外婆穿也毫不违和啊！天哪！当年我眼睛是进水了吗？

我还看到了我选的高跟鞋，那夸张的颜色和款式莫名有股浓浓的夜店风。

我终于懂了那位面试官脸上神秘的微笑。如果是让现在的我去面试当年的我，我也会毫不犹豫地把当年的我给淘汰掉。

几年前我跟随系里的老大去面试了几个新老师。大家正襟危坐，装模作样地提了几个问题。面试完后老大问我的意见。我毫不犹豫地向他推荐了里面看起来最舒服最顺眼的一个。

老大再问其他老师的意见，基本和我相同。最后老大也点头：其实，我一开始就觉得她不错。

在看脸这件事上，大家心照不宣。

正常的人都是喜欢美好的事物的。你就是去买双拖鞋，你也得挑个好看点的不是吗？不然为什么会有那么多选美比赛，没有选丑比赛？

所谓爱美之心人皆有之，假如你是颜控，很正常啊。因为大多数人都是颜控啊。那些宣称自己从不看脸的人，你们不一样看到喜欢的偶像会尖叫？即使你嘴巴没有尖叫，你心里也在尖叫。

03

当然，生来就是大美女大帅哥的人，在这个世界上毕竟是少数。但是，自幼就享受着艺术熏陶的我要告诉你，在这个世界上，真正丑陋的人和真正美得像天仙一样的人一样，同样少得可怜。大多数人其实只是普通人。

有一段时间我画画，无论是坐公交车，还是在菜市场，我都仔细观察过每个人的脸。我从不同人的脸上看出了 N 多种不同的美感，非常独特，他们自己却没有发现。

如果把他们那种独特的美发掘出来，发扬光大，还真不比明星差。可是他们不知道，他们根本不了解自己。他们总是穿着和自己整体属性不搭调的衣服，化着千篇一律的妆容。

其实，即使拥有的是貌似普通的面孔，但只要你足够了解自己，懂得扬长避短地打造自己，那你整体看起来即使达不到惊艳的程度，也会带给旁人一种很舒服、很顺眼的感觉。

比如，你脸长得比较着急，但是你腿很长，那你就不要去穿那些让你显得老气的衣服，或把你的腿给遮起来。你完全可以选择有点色彩感、活泼一点儿的衣服，同时再露出你的大长腿。

所谓颜值，就是你知道自己该怎么打扮才最好看；所谓颜值，就是把你魅力的最高水准发挥出来。即使五官不可改变，但是任何五官都有最适合的一套修饰方式。你不知道，只是因为你没有去尝试，没有去寻找。

很多时候你看起来糟糕，不是因为你真的糟糕，而是因为你选择了不恰当的打扮方式。就像刚刚大学毕业的我一样，我根本不知道该怎么打扮，于是选择了那套灾难一样的服装，生生把自己打扮成了中年妇女和夜店风的结合体。

因为那时，我根本不了解自己。我看到别人穿得很成熟，我也就效仿；我看到别人都穿很高的高跟鞋，我也照搬；我看到别人化妆，我也跟从；我看到别人面试时口若悬河，我也勉强自己一定要神侃胡侃。我侃了那么多技能，心底却根本不知道自己真正有哪些优势，也难怪会被淘汰。

一个人连自己的形象都管理不好，只有两个可能：一是不重视，二是不知道。很多情况是两者皆有。

因为你不重视，所以你就不知道。如果你连自己的形象都不重视，你凭什么要求别人重视你？如果你连自己的形象都管理不好，你凭什么要别人相信你可以管理好你的工作？

这个世界就是个看脸的世界，因为你的脸你的形象写满了关于你的一切信息：身材发胖，必定是饮食无度，缺乏锻炼；脸部油腻，胡子拉碴，必定是不爱整洁；脸色黯沉，必定是作息不规律，身体不健康；服装搭配凌乱，必定是没有品位，不够重视了解自己。

……

这么多有参考价值的信息都一览无余地呈现在别人面前，你还能说别人看脸只是肤浅？

所以，请重视自己的形象，并管理好自己的形象。你把自己管理得井井有条，就是无时无刻不在向别人展示你强大的管理能力和自控能力，别人才会因此重视你并相信你。

你的外表，就是你个人品牌的展示。所以，你得像打造品牌一样，去精心维护你的外表。

最幸运的事，莫过于只能依靠自己

01

今年夏天，在巴厘岛旅游的时候，与我们同租一辆小车的是两个瘦高瘦高的澳洲女孩。车上空间很窄，而她们的箱子几乎就占掉了一半的空间。那真是两只超级硕大的箱子，脏脏的黑色帆布面，像珠穆朗玛峰一样横亘在我面前的过道上，把身高原本就严重不足的我，几乎挡了个严严实实。

我凝望它们巨大的体积，突然产生了一种变态的欲望。我站了起来，把手放在了其中一只箱子的提手上面。是的，我妄想凭借一己之力把它提起来！事实证明，我是幼稚的。那块巨石岿然不动。

同行的C男见状便笑道：哈哈，论力气东方女生都比不上西方姑娘，这种量级的，还是只有我们男的提得起来。他自信地走过去一提，瞬间变脸。在他猛烈地撼动下，那块巨石却依然纹丝不动。

最后，老陈实在看不下去了，就说：你太瘦了，还是我来！事实证明，老陈也是幼稚的。

就在我们都对那两块巨石束手无策的时候，车停了，两个漂亮的澳洲女孩从前排跳了下来，伸出她们白皙的手臂，轻轻松松就把那两只体积骇人的箱子给搬出了车子，转眼风一般地离开了。

我们一行人全部目瞪口呆。老陈他们几个男的得出的结论是：那两个女生简直强悍得不是人。

O2

在国内的大街小巷上，恐怕我们最为常见的景象就是：化着精致妆容的女生挎着自己的小包包轻轻松松在前面蹦蹦跳跳，后面则有一个提着无数包袋的男生“大力士”亦步亦趋。出去旅游，也经常会发现，东方男性普遍习惯比女生负重更多，而且有主动帮助女生拿包的习惯。比如我和老陈出去旅游，我通常只拖一个很轻的箱子，背一些自己的常用物品，而更重的箱子以及重量和体积更为巨大的背包，则自然而然都交给了老陈负责。我毫无心理负罪感，老陈也毫无怨言。因为在我们的观念里，“力气大”的男生主动帮助“力气小”的女生，似乎是天经地义的事情。

而在国际上一些汇聚了不同国家、不同人种的地区，你经常都会发现一些和你本地习俗截然不同的行为。比如，西方姑娘们都“自然而然”地和同行男生一样扛着巨大的背包，拖着山一般的箱子，她们通常不会主动向同行男生寻求帮助，同行男生似乎也没有意识要主动去“帮助”她们，一点儿都不懂得怜香惜玉。再如，一些来自中东和印度的人，他们则是女生负担了更多更重的行李，女生要拖儿带女还要搬运更多的行李，而同行的男生则显得轻松得多。

从出行的性别比例来说，你常常会见到三两结伴的西方女生，其中并没有一个男生同行，而亚洲人的出行团队里，作为“行李搬运工”的男生常常不可或缺。巴厘岛的库塔海滩边玩冲浪运动的，多数是白种人，其中几乎一半是白人女生。她们可以手拿冲浪板像男生一样在浪涛中搏击，看起来也玩得很嗨。就连玩累了，也是独自头顶巨大的冲浪板返回。而更多的亚洲女生则是穿得漂漂亮亮在拍照，在各个旅游地摆 pose、购物，还有吃美食。

03

世界的不同，其实就在于观念与习惯的不同。所以我们要出去看看世界，只有看到不同，你才会有所发现。说不上哪种习惯和观念就要高大上一点儿，好一点儿，优越一点儿，因为观念和习惯其实是由文化决定的。

东方的文化向来注重女生的“温柔美”和男生的“阳刚之气”。女生可以“柔弱无骨”“肤若凝脂”“楚楚可怜”，你看古代女生都要自称为“弱女子”。而男生则普遍有“怜香惜玉”之心，认为女生比男生弱，所以该主动帮助与照顾。

所以，在我们的传统文化里，男生是山，女生则是藤蔓，男生是太阳，女生就是月亮。女生作为比不上男生力量的存在，只能依附于男生而存在，被男生品鉴与欣赏、宠爱或者抛弃。我们常说“物化女性”，实际上，我们的文化历史从本质上来说，就是一部“物化女性”的历史。女人可以享受男人无微不至的照顾和宠溺，但是却是以随时面临被男人轻视和抛弃的代价换取的。

现在有很多女生在谈论女权。但是不得不承认，有些女生嘴里的女权，其实并不是真正的女权。比如，有些女生认为，男生就该在过节的时候给她买礼物，她认为这是在要求女权。还有些女生认为，男生就该在结婚的时候向她家支付数额巨大的彩礼，她认为这就是女权。男方支付的彩礼金额越巨大，她越有“女权”。甚至还有女生认为，生了孩子后把孩子完全交给婆家去养育，自己不用花一点儿精力，尽一分义务，可以继续过如单身一般的“自由”生活，这也是在行使“女权”，而她是新时代的“独立女性”。

……

这些其实并不是女权，而只是“伪女权”。“伪女权”和真正的女权不同的一点，就在于“伪女权”通通是向男生要来的，而真正的女权全部是通过自己的努力得来的。

什么是真正的女权？真正的女权就是潇洒不羁爱自由。要知道，这个世界上最难获得的就是自由。对于女生来说，真正的自由，就是可以掌控自己命运的自由。

你想结婚就结婚，想离婚就离婚，想走就走，想留就留，毫无顾虑，丝毫不会忍气吞声，这就是可以掌控自己命运的自由。而不自由的人，不想结婚却迫于压力必须结婚，想离婚也迫于现实不敢离婚，想走却没勇气走，想留也没能力留。

为什么那么多人喜欢抱怨？因为抱怨是一种无力的宣泄，它的潜台词是：我无力改变现状，但是我又不满于现状，所以我只能抱怨。抱怨的人，都是不自由的。如果你可以掌控自己的命运，又怎会徒劳地抱怨？

但是，你想要获得掌控自身命运的自主权，那你就不能放任自己去轻易地依附于他人。依附于他人会很轻松，但真正的自由，只能通过自立才能换取。所谓自立，就是不依靠。周星驰在《喜剧之王》里对张柏芝大叫：我养你啊！其实并不那么令人感动。古代的女人不都靠男人养？你觉得她们很幸福吗？

真正的幸福，永远是和“自我支配权”密切相关的。正因为那些西方女生几乎从不依靠男生帮忙，所以她们想去哪就去哪，拥有充分的“自我支配权”，而不用因贪图男生的力量，就去委屈自己的愿望，顺从、附和甚至崇拜男生。

可是，要做到不依靠，并不是那么简单的事情。事事不依靠，那就意味着，你事事都要亲力亲为，那自然是很辛苦的，因为人总有惰性。就像你我在规划出国旅游的时候，是不是总想着：国外不安全，行李太重，路线不熟悉，所以我们得找几个身强力壮、方向感好的男生帮忙才行。

我一个朋友，她英文不好，所以，她策划出国游的时候就自然而然这样想：我英文不好怎么办呢？我得找一个英文好的同伴才行啊。为什么我们从来不这样想：我英文不好，所以我得去加强自身英文水平。我们也从来不这样想：我力气小，我体力不好，我胆子小，我路痴，所以，我得去锻炼身体，增强胆量，研究路线……

我们的想法常常都是这样：因为我什么什么不好，所以我要找个这方面比我好比我强的同伴来帮助我。我们总是太过于依赖他人的力量，依赖朋友、亲友、男友、老公……而从不肯依赖自己的力量。因为懒，因为不自信，所以也不自立，因为不自立，所以也就没有相应的自由。

你越强大，你才越有自由。

如果一个女生，所有的事情都可以自己搞定，不用向男生寻求一点儿的帮助，那么，她也就没有必要去看任何人的脸色，更没有必要去委曲求全。这时，她才可以真正过上“自己想要的生活”，她才真正具有了“女性的权力”，因为她的自由是她自给的，而不是向任何人要来的。只有一个人太弱小，才会低声下气做懦夫，因为她离不开他人，又不愿甘心忍耐，才会在抱怨中把生活过成一个悲剧。

与其抱怨，不如改变。如果你想要更自由，那你就得更辛苦。你不想辛苦，只想享受，那你就得放弃一部分自由的权利。其实也很公平。

自己远比想象中的强大

01

在大学里教书的时候，我经常教的是一些计算机方面的课程，如《C# 程序设计》《JSP 程序设计》《ASP 后台程序设计》等。这些程序课都需要进行上机操作。一到上机课我都会很头痛，因为电脑不是人，电脑只认死理，编写的程序就算不小心输错了一个符号，或多了一个符号，或少了一个符号，或输入方式不对，都会导致程序执行错误乃至崩溃，更不要说程序本身就编写错误的情况了。

每次上机课，就会有无数的学生用求助的目光看着我。有过编程经验的人会知道，导致一个程序执行错误的原因总是千奇百怪、各不相同，甚至匪夷所思的。程序纠错是一门很高深的学问，需要动用到一个人的细节观察能力、逻辑推理能力、判断能力，甚至是脑洞能力。因此，每上完一节上机课，我都觉得自己在名侦探柯南这条路上又前进了不少。

后来我做了一个错误对应表，足足有20页，详细列举出了出现频率比较高的错误形式会对应哪些可能的原因，以及解决的方法，然后发给他们人手一份。但很快我就发现自己是天真的，这份资料几乎没起到任何作用，因为遇到问题，大部分人的第一反应都不是自己去查资料，去想办法自己解决，而是问“老师，我该怎么办？”

如果得不到“老师”的帮助，很多人就只能守着那份错误一筹莫展，彷徨无措，完全没有自我解救的能力，甚至连“企图”自我解救的动机都没有。

02

在“自救”这条道路上，你有多依赖他人？失恋了，你渴望有人来告诉你怎么办，渴望有人像救世主一样把你从痛苦中解脱出来；失败了，你埋怨没人主动来帮你，没人主动来给你机会，没人引导你，教导你；犯错了，走了弯路，你则认为，这都是因为没有听取他人的经验，或者没人及时给你忠告的缘故。

很多时候，我们之所以这么痛苦，或许并不仅仅是事情本身造成的，而是意识到“我这么痛苦，这么伤心，状态这么糟糕却没有人来帮我”，这会让我们的痛苦成倍。就像一个溺水的人，让他感觉最难受的事恐怕不是溺水本身，而是为什么我都溺水了，为什么我这么难受，却没有人肯来救我？没有人肯来拉我一把？这种自怜式的委屈，才是真正让我们“心甘情愿”被溺死的元凶。

独自陷在困境之中的我们，常常会有这样的心理：一是为什么没人来救我？既然没人愿意救我，那我没有价值。于是，放弃努力，自暴自弃。二是为什么没人来救我？我偏要看看，到底会不会有人来救我！于是，也放弃努力。

冷静来看，这两种心理对我们有利吗？当我们陷入困境，为什么一定要企盼他人的力量？一个人溺水的时候，要想活命，最有效的做法难道不应该是先想方设法用自己的力量稳住身体不致呛水，然后再呼救吗？同样，一个人犯错或者陷入困境的时候，所做的第一件事难道不应该是自己想办法纠错、脱离困境吗？

为什么那么多的人，在陷入困境中第一想到的，就是谁能来救我？在迷失方向时第一想到的，就是谁能给我指引方向？在失败颓废时第一想到的，就是谁能来拉我一把？

其实，能够救你的人，只有你自己。在自救这件事上，没有人的力量会比你自己更强大。

我见过很多人“失恋后”的生活。有人化悲愤为食量，有人自我放纵，有人颓废，有人迷惘，有人玩世不恭，有人凄凄惨惨戚戚……但也有人“反其道而行”。比如，曾有一个同学，她失恋后变成了像变态一样的“学习狂”，她说忙碌起来我就没时间去伤心了。她学习状态最好的时候，就是她失恋的时候。每失一次恋，她各方面的能力都要上一个大台阶。

所以，什么困境都是借口，只要你主动地去自救，一切“困境”就都是良机。而只要你不想救自己，一点点小挫折都是世界末日。

03

你可以自救自己于任何困境，也可以教会自己任何事。能力是怎样发展的？是从你自己那里学来的。很多人会认为要想学一门知识，学一种技术，学一项能力，都得靠其他“牛人”教给自己才行。如果没人教，就学不会，或者，会走很多弯路，浪费很多时间。

真是这样吗？

实际上，你从他人那里“快捷”学来的知识，依然还是属于别人的，你充其量只是借来用了一下而已。所有权属于你的真正知识，永远是你自己教给自己的。

比如，有段时间我想学游泳。朋友于是给我建议你可以去请个专业教练，几天就学会了，而且姿势也标准。我去观察了专业教练的训练方法，的确教得很细致和严格，不容许有丝毫的误差。手应该放在什么位置，脚应该怎么运动，训练出的队员游起来的动作就像拿着尺子打造出来的一样。也许是那种很标准的机械化效果，让我望而生畏了，我最终还是没有请专业教练。我觉得我只是想学游泳，而不是某种标准化动作。于是我叫了会游泳的一个朋友来教我，但很快，我就发现自己产生了依赖心。在水里控制不了自己身体害怕的时候，我第一反应不是想“自己该怎么办”，而是大叫那个朋友的名字。

我觉得这样下去不行，于是，我开始自己学。这时，所有的依赖都成了浮云，我遇到情况必须自己想办法解决，我能够靠的也只有自己。我需要自己一步步克服对水的恐惧，学会让水将自己淹没，学会在水下体会水的浮力和我身体的相互作用，学会掌控自己的节奏，熟悉水并和水融为一体。如果我一开始就被专业教练逼迫着完成一系列标准动作，可能我会花更少的时间学会游泳，但是，我对水的感觉和体验也就没有那么深刻，也不大可能会去主动思考，因为教练把所有的窍门都教给你了。

掌握捷径或许可以让你很快地学会一件事，但是弯路让你学会的却是N件事！现在有很多的培训班、体验班等，一般都配有专业的教练，如果你想要很快地掌握某项技能，那么，参加这些培训班不失为一个好办法。但是，如果你只是想从某项学习中获取乐趣，而不是计较效率，或者你想要知道更多，那么，你完全可以教会你自己任何事。当你摆脱对他人的“依赖”，学会自救与自我提高时，你才会成为你生命中的一个主动掌控者，而不是可怜的被动依赖者。

你可以救自己出困境，也可以赐予自己任何想要的能力。你才是你世界里的智者、能人甚至英雄！在这个世界里，没人比你能让自己更强大！

所谓逆袭者都是改变者

01

许久不见的大学同学 H 突然在朋友圈里发了一张照片。照片里的她，白皙的皮肤，穿着时尚，笑容大方，拥有着一种难言的魅力。

大家纷纷点赞。我心内是一惊的：这真的是 H？她什么时候变得这么美了？

底下的评论中，除了一众叫“女神”的，也有我们共同的同学 C 满含疑问和惊讶的赞叹：这真的是你？这也太美了吧！还有另一个同学 F 意味深长的留言：这自拍技术也是没谁了。

无疑，很多人都以为 H 不过是靠着自拍和美图，在朋友圈里找点存在感罢了。毕竟，许多年前的她，其貌不扬，戴着黑框眼镜，头发简单地梳成个马尾，皮肤又黑又黄还粗糙，走路也是佝偻着背。

无论如何和“女神”这两个字也搭不上边，和“女屌丝”倒是莫名相配。

这么多年没和她见过面，她当时的形象便顽固地保存在每一个人的记忆里。所以，当她的朋友圈里出现了一张具有女神范的自拍照时，我们都以为她发的不过是张“照骗”罢了。

可不久后她就发了另一张照片，是她在郊外别人给她拍的全身照。还是那么充满了女神范。底下一众“美女”的评论中，依然夹杂着C和F的质疑：你去整容了吗？

H没有回复，过几天发了个小视频。

视频里的她，在健身房跑步，穿着紧身衣，身材优美，气质优雅。这下，C和F没有再出现。

不久后，H到成都出差，我们顺便见了面。虽然H在朋友圈发了照片和视频，但我想真人恐怕总和照片和视频里有点差距，毕竟H以前太过屌丝，对她的印象一下子纠正不过来。

见了面，我惊呆了。她真人简直比照片还要美十倍！

一个屌丝怎么会变成美女？我心内是咆哮的：怎么可能？她究竟是怎么做到的？难道真的是去整了容？

我问H是怎么做到的。

H说，没什么啊，毕业后十几年我就是每天坚持跑步1小时，每天贴墙站1小时，每天牛奶香蕉蜂蜜敷面15分钟，绝对不去吃巧克力、冰激凌等高能量食品，每餐只吃1碗饭，早餐坚持吃红枣花生黑芝麻，还有各种水果，研究服饰搭配，研究美容方法，研究化妆技巧……她看的服饰搭配、美容技巧、化妆技术的书不下百本，做的笔记不下5本……

我觉得她简直是在用考博的时间和精力来改变自身。而且，要做到十几年如一日的坚持，其中所需要的强大的自律性简直是任何一种考试都比不上的。光是十几年不吃一点儿巧克力、冰激凌等高能量食品，我就觉得我无法做到，更不要说跑步贴墙什么的。

十几年，女屌丝终于蜕变成女神。每个人只看到女神的光鲜亮丽，但背后的代价是什么，外人永远都不知道。

02

为什么我们总感觉逆袭的都是别人呢?

毕业后十几年，我们很可能还是当初那个鬼样子，最大的变化就是老了点。可为什么有些人在读书时明明其貌不扬，毕业一段时间后，就会像被施了魔法一样，变得那么光彩照人，魅力四射呢?

为什么有些人在小时候长相普通，甚至有点丑，长大之后就会像毛毛虫变成了蝴蝶，突然绽放出美丽的光辉了？

而我们自己，却基本上从小到大毫无变化。小时候是丑小鸭，长大后欣慰地发现，自己变成了一只丑大鸭。青涩的学生时代是毛毛虫，长大后欣慰地发现，自己变成了一只更大的毛毛虫。

为什么蜕变在我们自己的身上就从来不会发生？是上天太不公平了吗？

才不是。

任何的蜕变，背后都隐藏着他人难以想象的痛苦和艰辛，还有毅力。

比如我一个同学，初中时代还是单眼皮小眼睛，但大学的时候，就突然变成了双眼皮大眼睛。你以为是上天眷顾，免费替她做了微整形？

才不是。

一觉醒来就突然变成双眼皮的人有，但绝不是我那个同学。她的双眼皮大眼睛完全来自她十几年如一日的坚持。她从初中时就开始坚持每天贴双眼皮贴，每天做瞪大眼睛的动作100次，按摩眼皮100次，做训练眼神灵动的动作100次。每天都坚持，从未间断过一天。

她那双有神的美丽眼睛就是这样被她一天天练出来的。大学时她回老家，看见她的人都说：天哪，你变化好大，以前不觉得，现在才发现你原来这么美！

她说她听到这句话都要哭了。

从初中就开始坚持啊，刚开始一点儿效果都没有，好不容易坚持到高中，以为总该有点效果了，但现实就是现实。她还是单眼皮小眼睛。差点就放弃了，幸亏她不信邪继续坚持了下来。直到大学，有一天睡觉起来，她惊喜地发现，她的眼睛永久地变成了双眼皮。

自此，她的蜕变简直是迅疾无比的。她的眼睛一天比一天美，整个人的颜值完全呈直线上升状态。现在，她依然在每天坚持着做眼神灵活的训练的动作。

假如，你看到一个屌丝突然变成了女神、男神各种神，你在惊呼“逆袭”的同时，可要看到，任何逆袭，都不会无缘无故发生。任何逆袭，背后都隐藏着不为人知的艰辛。

丑小鸭不会自然而然就变成天鹅，而是要经历嘲笑冷漠伤害才能变成一只天鹅。毛毛虫也要经历痛苦的结茧才能化蝶。

03

为什么逆袭的总是别人？因为你从来没想过要让自己逆袭啊。

你虽然是丑小鸭或毛毛虫，但你从来没想过自己有可能会变成天鹅和蝴蝶。天鹅或蝴蝶对你来说是遥不可及的事物，你从来没有把它们和你自身联系起来过。

你认为天鹅或蝴蝶是一生下来就拥有着美丽和光环的，而丑小鸭和毛毛虫呢？那么平庸，那么丑陋，怎么可能和这两样美丽的物种发生联系？

没有改变的欲望，就没有改变。所以你小时候是丑小鸭或毛毛虫，长大了就变成丑大鸭和大毛毛虫。

而天鹅和蝴蝶并不是从天而降。事实上，所有的天鹅，都是丑小鸭变来的。所有的蝴蝶，也都是毛毛虫变来的。

天鹅是丑小鸭的逆袭，蝴蝶是毛毛虫的逆袭。它们之所以会逆袭，是因为它们想要逆袭。丑小鸭渴望着变成天鹅，不再受人嘲笑，可以自由翱翔天空，可以美丽而优雅。所以它才变成了天鹅。毛毛虫渴望着变成蝴蝶，可以不再丑陋，可以拥有美丽的花纹，可以在花丛中漫步。所以它才变成了蝴蝶。

欲望，是一切动力的来源，是一切改变发生的源头。

欲望让人可以忍受痛苦，忍受辛劳，忍受寂寞，忍受孤独，忍受一切。你没有想要改变自己的强烈欲望，当然你就不会有任何变化。逆袭也就永远不会发生在你的身上。

你说，我有改变的欲望啊，可逆袭为什么还是不会发生在我的身上？因为欲望虽是一切改变发生的源头，但仅有源头，是远远不够的。你虽然有变成天鹅或蝴蝶的欲望，但却舍不得放弃丑小鸭或毛毛虫生活的安逸。你虽然有了改变的源头，但你却不会让自己顺着源头去行走。因为行走意味着风险，因为行走需要坚持和努力。行走的路上有的是痛苦和寂寞，甚至还有危险让你受伤。

从丑小鸭到白天鹅，是一条漫长的修行之路。从毛毛虫到蝴蝶，也需要辛苦地结茧，孤独地蜕变。这些，都需要漫长的时间，也就需要漫长的付出和忍受。

丑小鸭不是一天变成白天鹅，毛毛虫也不是一天就变成蝴蝶。其中所花费的时光和精力，恐怕超过你的想象。在这蜕变过程中，只有全程坚持，你才会最终达成所愿。

否则，就算你放弃一天，那也会前功尽弃。

你坚持了许久，还有一天就要结束漫长的结蛹期了，可你却恰恰在这最后一天放弃了，那你也无法最终变成蝴蝶。你忍受不了结蛹期的寂寞和痛苦，所以你的改变，也只是想一想罢了。

可怕的是，谁也不知道结蛹期到底有多长。你以为只不过一两天，可能它却要长到一两年。漫漫时光中，我们只有忍受，并坚持。

为什么逆袭总是发生在别人身上，因为他们忍受并坚持了全程。

逆袭从来不会是突然发生的，很可能在你没注意的时候，你身边的丑小鸭已在渐渐长出白色的羽毛。如果你也想逆袭，首先，你就得做好改变过程会很漫长的准备。

逆袭不是一蹴而就，逆袭是一寸一寸、一点一点、一丝一丝发生的。想要逆袭，先问问自己可以坚持和忍耐多久！

一辈子不长，别和消耗你的人在一起

01

以前读大学的时候，我们宿舍有个女孩，大家叫她小美。

小美是我们宿舍最美的女孩，走在路上都会经常被男生搭讪说“你好漂亮”的那种。从小到大身边也不乏追求者。即使穿着普通，依然能看出优美的身段。即使不施粉黛，依然能随时光彩照人。

有一次她生病住院，我们去看她，她虚弱地躺在病床上微微朝我一笑……换其他任何一个普通点的人设，在脸色憔悴蓬头垢面说不定牙都没刷的时候，这微微一笑的效果有多震撼大家不想也知道。但天啊，作为一枚女生，我居然被她那微微一笑给吸引了。我被她的美完全征服了，私下里以可以随时随地近距离欣赏这位美女的美而窃喜。

为了表达对她的欣赏之情，我给她画了很多幅画。有个男生看到画上的她，对她展开了猛烈的追求。这个男生后来成了她男朋友。

有一次我们一起出去玩，男生全程都在夸小美漂亮，眼里盛满了宠溺。回来后我们表示了强烈的羡慕嫉妒恨，小美也满溢着幸福。我们都为她感到高兴。

但是，时间久了，男朋友慢慢地就不夸她了。不仅不夸她，还经常贬损她，前后态度对比，完全就是两个极端。

有次我们又一起出去玩，小美偶遇一男生当街搭讪。她男朋友一脸讽刺，指着小美对我们说：你们看，她这样的居然还有人搭讪？那人眼睛有问题吗？

我们都说，小美很不错啊，美女被搭讪很正常啊。

她男朋友一脸震惊：她这样的还叫美女？你们是没见过美女吗？

小美越来越郁闷，因为她男友和她在一起时，总是要不就嘲笑她长得丑，不是说她太肥了，就是说她颜值被高估了，然后列出各种证据来证明她长得明明很一般。言下之意，他这样的，要不是真爱怎么可能和小美这么差的女生在一起。

小美已经被她男友严重洗脑，严重地怀疑起自己的颜值，昔日的自信也一扫而光，经常对着镜子里的自己唉声叹气：

——我长得真的很一般啊。

——腿也真的好肥。

——看起来好像路人啊。

——我以前怎么有自信接受“美女”这个称号？

我听了之后简直惊呆了：她男友是想要上天吗？

02

有一种丑，叫伴侣觉得你丑。

身边不乏一些姑娘，她们总是在嫌弃自身。比如我朋友小 A，她就老是嫌弃自己皮肤不够好，鼻子不够挺。所以她去做了光子嫩肤和垫了鼻梁。做了后，她又觉得做得不好，看起来很假，很不自然，不是天然的，非常不满意，还不如原来。

其实小 A 虽不是什么大美女，但长得也还过得去，化化妆应付日常完全够了。可她老公却总是嫌弃她。比如，老公公司聚会，她老公会说：你长这样，去了就是给我丢脸，所以我还是不带你去了。后来她看到聚会的照片，就问老公：小李不也带他老婆去了吗？他老婆难道有我好看？老公说：别人老婆哪里比你差了？你还真是不自量力啊。

她埋怨老公从来不发她照片到朋友圈。老公说：你长这样，发出去也不怕别人笑话。她忍无可忍：我是长三只眼了，还是肥得像猪了？她一定要老公发一张，结果老公在众多好看的照片里找了她唯一丑的一张发了出去。

很多人评论说笑死了。她气死了。

她老公一脸嘚瑟：你看，不叫你发，你要发，你还不承认自己丑？

在她老公的调教下，小 A 成功地收获了一颗超级自卑的心。她不满意自己的容貌，不满意自己身上的每一寸地方。她随时随地都处在怀疑自身的严重矛盾中。

除了取笑她的容貌，她老公还有一项技能是取笑她的能力。比如，她向老公吐槽工作上的烦恼，从来不会收获什么安慰或建议。她老公只会一脸鄙夷地说：这么点小事你都处理不好？你怎么混的？她瞬间感觉到自身的渺小，觉得自己能力好差。而她老公的形象是那么的高大上，她觉得在他面前自己完全是蚂蚁一般的存在。

从这个案例可以看出，小 A 的老公通过贬低小 A、给小 A 洗脑的各种手段，成功地树立起了自己高大上的男神品牌，同时成功地改变了小 A 的自我认知，让她在伟大的自己面前俯首称臣，甘拜下风，最重要的是，成功摧毁了她的自信，让她终日惶恐不安，成为必须依附于他的存在。

O3

总有一些男人，以贬低自己伴侣，给伴侣挑刺为乐。这些男人说得好听点是嘴贱，说得不好听点是犯贱。

生活中，有一种滤镜叫作“别人家的”：别人家的孩子永远是五讲四美好青年，自己家的孩子永远是道德败坏小笨蛋；别人家的女朋友永远是肤白貌美大长腿，自己的女朋友永远是黑皮貌丑罗圈腿。

不是有句俗语叫作“别人碗里的饭要香一点儿”吗？小孩子经常是这句俗语的奉行者。

明明自己手里有一模一样的玩具，可就是想要别人手里的；明明自己碗里的饭和别人的一模一样甚至还好点，可就是想要吃别人碗里的。他们不会发现自己手里东西的好处，只要是别人手里的，就一定是好的。

这是什么心理呢？这就是人性中的贪欲。小孩子总觉得别人手里的东西好，是因为他们想要，想要，想要……看自己“想要”的东西，自然是自带滤镜，怎么看怎么高大上。而对已经到手的东西，他们就不屑一顾了，甚至都不加珍惜。无论这东西有什么优点，在他们眼里都是如此一般，因为他们每天都看到，司空见惯了。

比如，《夏洛特烦恼》里的夏洛，当马丽在身边时，他从来看不到马丽有什么优点，对马丽，嫌弃是永远的主题。

那时，班花对他来说是“想要”的东西，自然在他眼里各种高大上。后来他娶了班花，角色的地位立刻发生了逆转。当班花在他身边时，他又再也看不到班花的优点了。嫁了别人的马丽却忽然在他眼里自带了滤镜，各种高大上……

张爱玲的那段红玫瑰与白玫瑰的论点说的也是这个道理。

张爱玲说：也许每一个男子全都有过这样的两个女人，至少两个。娶了红玫瑰，久而久之，红的变成了墙上的一抹蚊子血，白的还是“床前明月光”；娶了白玫瑰，白的便是衣服上的一粒饭黏子，红的却是心口上的一颗朱砂痣。

看，明月光和朱砂痣，多好的滤镜效果啊。至于蚊子血和饭黏子，想想就乏味。张大神的比喻，简直贴切得可怕。

所以，假如男朋友突然老是挑剔你，嫌弃你，真的不是因为你这个人变差了，需要去变得更好来取悦你的男友。实际上，无论你怎么改变自己去取悦他，他根本就不会领情。因为问题不是出在你身上，而是出在他们自己身上。

是他们心底里的贪欲在蠢蠢欲动。此时，无论你对自己做什么，他们都无动于衷。比如，我的朋友小 A 去嫩了肤，垫了鼻梁，又怎样呢？你变得再美，他们也看不到。而一个人要表达对另一个人的嫌弃，理由可以有无数个，你根本无法一一改善。

女人对自己外表的自我判断，可能很多时候还是来自别人的评价。一个女生认为自己漂亮，那是因为经常被别人说漂亮。如果经常被男朋友说不美，很容易让女生不自信。但其实，你无须如此看重你男朋友的评价，甚至无须看重任何人的评价。不是有句话：女人不是因为美丽而自信，而是因为自信才美丽吗？其实，只要你足够自信，你就是最美的。

假如你男朋友老是挑剔你，根本无须为此苦恼怀疑，甚至为取悦他而改变。想想你怎么对待贪图别人玩具却对自己的玩具各种嫌弃的小孩子。方法就是拿走被他们嫌弃着的玩具，给别人玩一玩，或者直接送给别人。此时，他们就会哭着吵着要回自己的玩具了。

假如你男朋友开始嫌弃你，不用迟疑，毫不犹豫地离开他一段时间，让他暂时找不到你。过一段时间，他自然又开始想念起你的好了。

所以有时候，失去，才意味着得到。远离，是另一种形式的勾引。

而对于男生来说，在感情疲惫期，你也不要只看到别人家的好，睁大你的眼睛，多看看身边人，想想你当初追求女友时，是被她哪些地方吸引。其实，她当初吸引你的地方，一个也没有变啊。

两人能走到一起，是一种缘分。懂得珍惜，才能让两人的感情走得更远、保持得更长久啊。

尘埃里开出的花，不过是泪花

01

大学时，我们寝室有一个女孩儿，长得很不错，除了有点黑。但她从不为她的黑烦恼，因为她更烦恼的是另外一个地方。她是个波霸，天然的。

我们就叫她波波吧。

在这个满大街都是飞机场的太平世界里，天然波霸的波波真的是稀有动物。好多太平公主都很羡慕她，甚至嫉妒她，但她真心烦恼透了。

首先，在普通内衣店里根本买不到波波能穿的内衣。她的内衣，全部都是在一个专门的店里定做的，她根本无法挑选款式。那时，她最担心的事就是那家店倒闭。她经常做的噩梦，内容都是她找不到那家店了，或者是那家店不肯给她做内衣了。她每次哭着醒来，第二天逃课也要赶过去，定做好十套内衣才能心安。

因为她的胸部很重，为了不让胸部乱晃，只有把内衣的肩带做得很宽很宽，然后调得超级超级紧。她给我看过她背上被肩带勒出的印子。我看了后心都一紧，从此再也不羡慕波霸了。

她最讨厌跑步。她说她跑起来就像电视里的武林高手绑了两个铁沙袋一样，只不过武林高手是把沙袋绑腿上，她是把沙袋绑胸口了。那沙袋简直让她喘不过气，除此之外，因跑动而引起的澎湃感，令男生的目光想要不猥琐都不可能。

有一次跑步的时候，她突然看到她男神的目光，从此，男神再也不是她男神了。因为波波本质是个浪漫的文学少女啊，她不能忍受男生只盯着她胸部出神。她理想中的男神，一定要是个对她胸部无视的性冷淡男神。

后来，波波终于如愿以偿地遇见了她心目中的真命天子。那个男生，从来不看波波波涛汹涌的胸部。有一次他当着我们好几个女生的面，直言他就喜欢飞机场，因为他觉得飞机场很酷，很性感。

他的发言让我知道了世界有多大，口味就有多奇葩。这个男生，我们就叫他太平吧。

波波一见太平，便觉得太平骨骼清奇，一定要收为男友。

太平很傲娇，说，可是我不喜欢大 MM。

波波觉得太平说这句话的样子简直太酷了，他的灵魂一定是世间最纯净的，她无论如何都要把握住。

于是，波波开始了疯狂的小胸计划。她要把她尺寸巨大的胸部缩小成 C 罩杯！

她不停健身，疯狂节食，穿超紧的内衣……一切可以想到的方法，她都不顾一切用到了自己身上。

别人都在想方设法丰胸，她在想方设法减胸。

几个月过去了，波波终于勉强把胸部缩小到了 C 罩杯，人也瘦成了一根竹竿，本来就不白的脸色显得更黑黄了，说话都是有气无力的。

但是口味奇葩的太平很满意她这副轻得随时可以倒下的样子。于是，波波终于成了太平的女朋友。两人不咸不淡地相处了一年。

一年后，太平提出同居。

我们都劝波波不要那么豪放，但是她说，太平那么烟波缥缈的性冷淡样，和她同居肯定不是为了和她发生关系。于是她勇猛地和太平在校外租了一套房，开始了纯洁的同居生涯。

顺带说一句，为了在这一年里保持C罩杯，波波简直吃尽了苦头，节食节到得了胃病，经常呕吐。

不久后，我们都发现波波的状态变了。本来为了节食，最近一年她吃东西已经变成了慢动作，但和太平同居后，她突然一下子恢复到了32X的快进的状态。她大口大口把那些菜往嘴里塞，好像几年没吃饭了似的。

原来，两人同居后太平突然口味突变，一定要波波回复成波霸状态。说好的灵魂纯净的男子呢？说好的性冷淡呢？

波波说，太平只是好奇，想研究一下波霸和飞机场到底有什么不同。她为太平严谨的科研精神而感动，要尽全力配合他。于是波波又开始了艰难的丰胸过程。以前是节食节到吐，现在是猛吃吃到吐。

超级波霸的波波终于又回来了，内衣又在她背上挂出紫印，她又开始做买不到内衣这种噩梦。

我们问她，你喜欢这样吗？

波波说，她讨厌死了，烦死了。可是太平喜欢啊，只要太平喜欢就好，她无所谓。

可是后来，太平又说她太胖了，要她胸大，但其余部分不能长肉。这个难度系数太高了，但波波毫不畏惧，勇往直前啊。为了太平的审美，她也是拼了。

然后，在波波勇往直前的时候，烟波缥缈的太平劈腿了一个外语系女生，把波波给无情地抛弃了。

波波把自己蒙在被子里哭，一边哭，一边吐，因为她一会儿减肥一会儿增肥，肠胃已经被彻底搞坏了。她直到现在，还一直饱受胃病困扰。每次一犯胃病，疼得大汗淋漓的时候她就会想起太平，此时，她就觉得全世界的脏话都不够用了。

02

不论我走到哪里，总能听到一些妹子的抱怨。

有一个在网上认识的妹子，跟我抱怨说，男朋友嫌她眼睛不够大，她在想要不要去开个眼角。另一个认识的年轻妈妈，在群里抱怨说，生了孩子胸部好像缩水了，她老公有点嫌弃，她在犹豫要不要去丰个胸。

连有一次我去三亚旅行，飞机上坐我旁边的女孩也在哀叹，说她男朋友上次说她皮肤不够白，不够细腻，身材也不够苗条，她很焦虑，觉得世界末日快到了，要和我探讨各种美容减肥心得。

看看网上的那些文章，什么“如何赢得男神的心”“男人喜欢什么样的女孩儿”之类的也是一抓一大把。

女孩们为了投老公、男朋友所好，也真是够拼的。但是，你们在为了他而想要改变自己的时候，问过自己的意见吗？想过他为什么舍得让你改变吗？

波波明明不喜欢自己胸部很大，但因为太平喜欢，她就把自己的意见弃如敝屣，全心全意地去满足太平。明知减肥增肥都很痛苦，明知会给自己的身体带来伤害，她也要排除一切艰难险阻，吃尽世间所有的苦头，只为了满足太平的审美。

她觉得这就是爱。爱怎么可以没有牺牲呢？牺牲越大才证明爱得越深啊！她爱得越深，爱得越奋不顾身，太平才会更爱她，他们的感情才会更牢固啊！

波波的牺牲的确大，爱太平爱得也的确够深，然而有什么用？太平还不是劈腿劈得爽歪歪？

所以，你爱得深，你为他牺牲一切，关他爱不爱你什么事啊。

你肯为他牺牲，最多只能说明一个事实：你爱他够深。你爱他够深和他爱你怎样，有关系吗？你爱得深，所以他也会爱你更深。这是什么逻辑？

03

大学时我交过一个男朋友。他各方面都是我喜欢的，只除了一点。

他喜欢我留很长的头发，不准染不准烫，不准化妆，夏天穿裙子一定要长度到膝盖以下，而且一定要我穿那些老土得掉渣的款式。

对，他就是传说中的直男审美。

刚开始时我还勉强配合他一下，到后来，我简直要疯了。我看着镜子里面20世纪80年代淑女风的自己问，这怪物是谁啊？

我觉得不能忍了，于是我再也不管了，我去染烫了头发，想怎么打扮就怎么打扮。刚开始，他惊呆了，一定要我把一头黄发给染回黑长直，我假装没听见。

他很不高兴地说：你看你像个什么鬼样子。我理都不理，被啰唆急了我就回：我就这样啊，我就这副鬼样子，你又不是第一天认识我。再后来，他就再也不规定我的穿着了，因为他知道他说了也没用。

你以为你不听男生的，他们就真会和你分手，真会影响你们的感情？妹子，别这么举轻若重好吗？爱情中，不是天天都在考试，有时得有点无赖精神。你只要摆出一副无赖的表情，他根本奈何不了你好吗。他们有时候只是嘴贱，有时只是想宣布一下他们对你的主权。

嘴上说你胖你黑，你就认为他们是真嫌弃你胖你黑？如果真嫌弃，他们不会和你在一起。如果真嫌弃，他们早转身走了，还等得到你在这里纠结：我男朋友嫌我不够白，这可怎么办？

本来挺好的，本来只是个玩笑，可谁叫你要将玩笑当了真？

拼命放低姿态，不惜委屈自己，去满足他们。他们迟早会被你高高地捧起来，习惯了你的委屈和低姿态，从而，越来越不把你当成你自己。因为你都不把你自己当成你自己啊！他们会觉得他们的意见逐渐变成了圣旨，一宣布，你就必须要执行。

张爱玲那句话，爱你低到了尘埃里，在尘埃里开出花来，还是别去相信的好。尘埃里的环境这么恶劣，哪里能开出花？有花也禁不住天天踩啊，早被践踏死了。

尘埃里的花，不过是女人的意淫。如果你在爱情里真的低到了尘埃里，只能说明两个事实：第一，你够爱他；第二，他不够爱你。

尘埃里开出的花，我看不过是泪花。真正的爱情，从不自称为奴婢。真正的爱情，是你们互相喜欢着对方本来的样子，而不需要对方为你做出任何的改变。真正的爱情，是他喜欢你，只是因为你是你，你喜欢他，只是因为他是他。真正的爱情，从不需要你为对方伤害自己。

在爱情里，你有多伤害自己，他便有多不爱你。你以为失去了自己，就能收获到更多的爱情？你想啊，收货地址都没有了，你还收什么爱情啊！

每一个人都有高贵的权利

01

那天，我接到一个许久不联系的大学同学的消息，问我是不是还在成都。

我说，是啊。

她很高兴。我刚好到这边来办事，要待几天，那聚聚吧?

于是我们约在春熙路的星巴克见面。

这个同学大学毕业后去了上海，当时去的是惠普，可后来听说又跳了几次槽，她的近况因为不大联系我也不太清楚。平时倒是常看见她在朋友圈里发的照片，都是去一些高大上的地方各种吃喝玩乐，感觉过得挺不错的。

在星巴克里看见她，也是一身干练优雅的打扮，跟学生时代的感觉完全不一样了。然后我们就聊起了近况。

她感叹说：还是成都好啊，上海房价吓死人，凭我们这些工作一般、家境普通、又没靠山的人，不知道什么时候才能买得起一个小窝啊。

我奇怪：你应该早在上海买房了吧？上次看你发朋友圈，把你爸都接过去了，还拍了照片，一家人其乐融融的。

她说：这你也信？那是我老大的家，我爸过去玩，租的房那么小怎么睡得下？这才去和我老大挤几天的。我最近都在想，要不还是回成都算了，在上海压力真的好大。

我说：不管怎么说，成都和上海还是不能比的，你看你过得多自在啊，世界各地都让你跑了个遍。你要待在这里，肯定没发展前途的。

她说：跑个什么啊，那只是做做样子，跟在老大的屁股后面走过场，办公事而已。

随即她叹了口气：也只有和你们这些知根知底的老同学说说我的烦恼了，在别人面前，我得随时随地都装着很吃得开的样子，把自己最光鲜亮丽的那一面拿出来。不然你知道的，这个社会大部分人是看表面的。你表面越光鲜，别人才越会觉得你吃香，才愿意和你合作，你也才有更多机会。

这个老同学的家庭情况我是知道的，她老家在四川一个小县城。初中时她爸妈就离婚了，她还有一个弟弟，和她一起都跟了她爸爸。她家庭条件不好，大学是贷款读完的，前几年才把贷款还清，除此之外，她还要供她弟弟读书。她爸爸就是很普通的一个工人，十几年前就下岗了，开了个小杂货店。后来身体不好，杂货店也没继续开。

我还记得大学时我们谈起各自的愿望，她的愿望最简单，工作后给她爸爸买一套房子，陪他安安心心地度过晚年。

我问她还记得这个愿望吗？她感叹，说当时大家都觉得这个愿望太朴实了，可就是这么简单平实的愿望，她现在要实现却还是很难。因为她每个月一半的工资都要寄回家里，剩下的要交房租，她根本存不下钱，哪来的钱买房？她觉得她超像《欢乐颂》里的樊胜美。

02

几天后，我看到这个同学又发了朋友圈，依然是高大上的环境，依然是各种看起来过得很好的言辞。

我点了赞。

我想起她说的一句话：为什么我过得再艰难，却仍然要把最光鲜的一面展示给别人看？除了有可能得到更多的合作机会外，就是为了刺痛那些看不起我、不喜欢我的人的心！

我知道她说的那些人是谁。是在初中时就把她和弟弟抛下，过自己幸福日子去的母亲；是和她谈了5年恋爱号称要让她成为世上最幸福的女人，最后却扔下她和家境良好的乖乖女结婚的前男友；是一直看不惯她，到处说她坏话，并设计陷害过她的同学小W。

或许还有很多我并不知道的那些人，因为那些人的存在，所以，我觉得她美颜自己的生活给他们看也很正常啊！难道要她把自己真实的窘迫发在朋友圈让这些人围观？她脑袋又没出问题。换作是我，我也同样怎么骄傲怎么来。

世界那么乱，骄傲给谁看？

就骄傲给那些伤害过我们，嘲笑过我们，陷害过我们的人看啊！

现在很多人一边刷朋友圈一边吐槽：我朋友圈每个人都总在旅游、吃大餐、收礼物，每个人都一副人生赢家的样子，呵呵，装什么装啊？

其实，任何头脑没出问题的人，恐怕都没有把自己最凄惨的一面赤裸裸呈现在人前的癖好吧？

你不能要求每个人都老老实实在朋友圈播报关于她真实生活的纪录片。

朋友圈，充其量是一个艺术片的汇聚地，大家实时播报一下自己被美化后的生活，让看到的人都感觉自己过得很好，很快乐，充满正能量，不是很正常吗？

非要看到他人凄惨的一面，你心里才舒服？但就算你把别人的生活底细扒个底朝天，对你，又有什么好处？

有句老话：家家有本难念的经。每个人其实都有自己生活的烦恼，都有不可与人倾诉的“真相”，你又何必那么残忍，非要撕掉别人生活的滤镜，让每个人都把自己赤裸裸地呈现在你眼前？

何况你又怎么知道，他们的骄傲，一定是装给你看的呢？

就像我同学，她的确够骄傲，但我知道她并不是装给我看的。她依然是那个心地善良，作风朴实，人品正派，想要给爸爸买房子的好女孩。

我清楚她的为人，所以我也理解她的骄傲。

有些骄傲，只是顺势而为；有些骄傲，只是迫不得已；更有些骄傲，只是维护自尊。世界那么脏，总有些骄傲需要装。你又何须如此讽刺：你不过是在用你的光鲜，掩盖你的难堪。其实这世间，又有谁不是曾经或者正在难堪着的呢？

03

听我妈说，她小时候正是中国最困难时期，一大家人经常吃不饱。很多小孩饿极了就跑到街上的馆子里，抢着吃别人啃过的馒头、剩下的菜底。

但就是在这种情况下，她和她兄弟姐妹也从不乱吃。

有一次为了逗她吃，有人把菜倒在地上，里面还有些肉骨头，故意对她说：来吃啊，没人吃过的，送你的。旁边很多小孩眼睛都直了，她也眼馋了，正在犹豫要不要去吃，我外婆看见了，揪着她的耳朵就把她拉回了家。

外婆劈头教训了她一顿，说：人家把你当狗，你要去吃了，就是丢我们一家人的脸！

我妈说，外婆最要面子，那时穷得饭都吃不起，但她们一家人却还穿着皮鞋。外婆出门，必须要把衣服整理得整整齐齐，把皮鞋擦得锃亮。

如果那时有朋友圈，想必我外婆的朋友圈一定是各种光鲜亮丽，怎么高大上怎么来的吧？

我妈把外婆的这种习惯称为“要面子”。

其实，要面子，又何尝不是维护自尊的一种表现？

以前有位老艺术家，年轻时是大小姐，后来被人迫害，直至去刷马桶，做粗活，手指上都是茧了，但她却还保持着在下午用煤气炉烤蛋糕的习惯。

现在大家都对这位老艺术家的“精致”的生活方式赞不绝口。但是，如果那时有朋友圈，当这个刷马桶的老艺术家烤完蛋糕发朋友圈时，是不是也会有人出言讽刺：一个刷马桶的还装什么装啊！

你又何必如此残忍，一定要拆穿别人刷马桶的真实身份？你又凭什么认为，刷马桶的就不配发烤蛋糕的朋友圈？是谁规定刷马桶就只配发刷马桶的朋友圈？在品尝蛋糕的时候，相信这位老艺术家是从心底里觉得自己高贵着的。

每一个人都有觉得自己高贵的权利，每一个人都有将自己最光鲜的一面展现出来的自由，因为这是每一个人尊严的体现。

就像每一个人在社交场合，都需要得体的着装，得体的举止，得体的妆容。如果这都算做作，如果这都算虚伪，那我真无话可说。

其实，懂得维护别人的“面子”，也是你的一种善意啊。

真正的锋芒，必然自带三分温柔

01

初中时代，我深为我的性格而苦恼。

那时，我远没有现在这么厚脸皮，我很胆小，也很害羞。其实，胆小和害羞通常都是孪生姐妹，她们之所以能够长久地存在，往往是由于主人太过敏感。

我记得在刚上初中的时候，音乐老师请班上的同学轮流到讲台上唱歌。一个又一个同学唱完了，音乐老师露出满意的笑容。轮到我了，我开始脸红，紧张得满头大汗。

站在讲台上，我一直低着头，不敢抬头正大光明地看台下众多双眼睛。我很艰难地开口，声音又细又小，几乎没人听见。

走下台去的时候，我明显看到音乐老师一脸不耐烦的表情，还有一些同学取笑的眼神和窃窃私语。

过后几天，我都沉浸在一遍遍回味这些表情的痛苦之中。我对别人的表情有着超乎寻常的敏感。

其实，所谓的敏感就是太过在意。我太在意别人说的话、脸上的表情，甚至言语背后的含义。

那时，我很怕别人会以冷漠、愤怒或是失望的表情面对我。为了避免冲突，当其他人找我帮忙的时候，我总是一一点头应下，从来不会拒绝。哪怕明知自己没有时间，哪怕明知帮助他会使我自身利益受损，我也做不到去拒绝他们。因为很怕他们翻脸。

更何况像音乐老师那种一脸不耐烦的表情，简直就是我的噩梦。

后来，我换了一个同桌。这个同桌是个非常有个性的女孩。她说话从来不会去顾及别人的感受，总是自带锋芒。

比如，她搬过来的第一句话就是对我说：你那么畏畏缩缩干什么，怕什么啊，难道别人还会打你吗？

后来，有人再无底线地找我帮忙，她就会替我出头：滚，她没时间。

我班有个男生当时正处于变声期，很难听，她毫不顾忌地当着众人的面说：某某，你就不能闭上你的嘴吗？你声音这么难听，像鸭子叫。

还有个女生当时满脸青春痘，她也毫不顾忌地当着众人的面说：某某，你每天不洗脸的吗？你脸上的痘痘真丑。

后来，她一个星期没来上学。听说，是被几个人堵在学校外面的巷子里揍了一顿。

她再来学校，就变得沉默了许多。

我们后来交谈过这个事情。她说，她并没有看见是哪些人揍的她，因为他们一上来就先用布蒙住了她的头。她觉得很有可能是那个被她取笑过青春痘的女孩，或者是声音像鸭子叫的男孩，或者是其他人，或者是他们全部。

毕竟，被她的锋芒刺伤过的人太多。他们每一个人，都可能对她进行报复。

02

以前，我以为一个人敢于激怒他人，那他一定是锋芒毕露的人。像手中握着的刀一样，刀刃轻轻一划，就可以刺伤到别人。所谓的锋芒，就应该是锋利。那些具备锋芒的人，他们一出口就直奔对方的弱点而去，不给对方留下几次重击决不会罢手。他们说话从不会顾及别人的感受，看起来相当勇敢和洒脱。

当时十多岁的我总是太过于顾及别人的感受，所以活得相当不自由。而那些具备锋芒的人，他们往往和我完全相反。

一度我曾经非常羡慕他们的这种个性，直到我那位同桌被打。

她努力地睁开还有些青肿的眼睛怀疑地看着周围的每一个人，那怀疑的眼神令我感触颇深，也引起了我的思索。我开始觉得真正的锋芒不应该是这个样子的。真正的锋芒，应该不会给自己招致如此多的恶意。

但是，什么是真正的锋芒呢？当时幼稚的我虽然努力思索，却仍然没有找到答案。

后来，我遇到了一位老师。这个老师有个习惯，每节课前总会抽几个同学回答问题，以复习上节课所学的内容。不知为什么，他老是会提问我。我很厌恶被他提问。虽然问题的答案我都知道，但站在众人面前回答还是让我浑身不舒服。

后来有一次，我去办公室交作业，正好看到他在，于是我鼓起勇气去问了他。老师一愣，随即用略带沙哑的声音微笑地说：因为你老是不说话，我就觉得你很神秘，我很想知道你真正的想法。

他说得相当坦然。

这位老师，他上课几乎从没骂过人，也从来没使用过什么侮辱性的词汇，更不会故意去刺激一个人，揭露他们的弱点。但是，他给人的感觉却是自带锋芒的。

比如，课堂上有人讲话，他会直截了当地说：我非常不喜欢上我的课时，有人破坏纪律，如果你们还要讲，我只好请你们出去。

班上有几个弹劾老师的好手，故意对他讲课的方法提出质疑，他一脸平静：我不认为我的讲课方式在现阶段是不恰当的，你们如果要质疑，也请提出几个具有说服力的理由。现在的这几个理由在我看来实在太弱了。

我想，原来是这样。

在这个老师的身上，我开始初步理解到什么是真正的锋芒。

03

有一些人是这样理解锋芒的：锋芒就是咄咄逼人，锋芒就是说脏话，锋芒就是骂骂咧咧，锋芒就是贬低别人、抬高自己，锋芒就是哪壶不开提哪壶，就是精准地刺中别人的弱点。其实，那不叫锋芒，那叫犀利，或者叫锋利。

如果说锋利的人是手握一把刀对准别人的话，那自带锋芒的人，他们的刀并不是对着任何一个人的。他们的刀是藏在他们的心中，和自身气场融为一体的。而且他们的刀也并不锋利，不会割破他人使人流血受伤，但同时他们也会很聪明地保护他们自己，不会被他人所伤。

这把刀，就是他们的原则。

他们一般不会主动出手去抨击别人的弱点，也不会因太过于顾及别人的感受而使自己受伤。他们既尊重自己，也尊重别人。

锋利的人，往往在刺伤别人的同时，也为自己招致了和给别人造成的伤害同等的恶意。

物理学上力的作用是相互的这条定律，其实也适用于很多场景。你用刀划伤了别人，别人在痛的同时，也就产生了想要让你痛回来的欲望。这欲望累积，就变成了恶意。

你习惯于伤害他人，就是在为自己累积恶意。当他人的恶意累积到一定的程度，很可能便会让你遭受到同等的伤害。

所以，从某种意义上来说，伤人也就是在自伤。

锋利的人，将刀刃对准别人；自带锋芒的人，将刀刃隐藏在胸中；而软弱的人，手中心中均无刀刃。

以前我玩游戏，玩过一个叫《帝国时代》的经典游戏。

教我玩游戏的男生很奇怪：你为什么总是不喜欢出手去打别人呢？你要去侵略别国，才能获得土地和资源。

其实，不是我不喜欢去打别人。而是如果我在条件不成熟的时候就派出了军队，那我的国土就空了，这时，就很容易遭受到别人的侵略。

你在出力打别人的同时，也就意味着你被别人袭击的危险也同时大大上升。解决的方法只有一个：壮大自己的兵力，然后才谈进击。

我的经验是：坚守国土的兵力要比派出征战的兵力更为强大。只有如此，你才能保全自己。只有保全自己，才更有可能继续战斗。

你一下子就拿出全部兵力去面对外界，胸口空空荡荡没一点儿保留，那也就意味着你的国土是无守备的，你随时处于危险之中。

真正的锋芒，是留有大批的兵力，而只拿一部分兵力来应付外界。所以拥有真正锋芒的人，绝不会表现得咄咄逼人。

因为只拿出一部分的兵力，所以他们不会自带攻击属性。从外表上看起来，他们很可能反而是温和的。因为不会老是去刺伤别人，所以他们一般不会为自己累积恶意，而如果有人企图来伤害他们，他们也绝不会允许被人所伤。

锋芒，就是以淡然的态度坚持自己的原则。真正的锋芒，必然自带三分温柔。

没那么多人值得你去宠溺

01

曾经有读者问我：清蓝，有时候一些人来找我帮忙，我帮助了他们，但是为什么过后他们却毫无感激之情，反而认为我帮他们是理所当然，甚至还看不起我？

我听了之后表示：很生气！

好歹我也是活了几十年了，像这个读者提到的这种人，简直就像我们小区里的狗屎，每天总有那么几坨，堂而皇之地出现在一些人的生命里。

明明是你累死累活帮了他不少忙，可他心里非但丝毫不感激，还处处要显得高人一等，看你的眼光开启的是睥睨模式，对你说话的语法用的是主人模式。

不到用你时，各种瞧不起，各种冷淡，各种白眼。到用你时呢？你以为他会放下身段和套你近乎？你想多了。主公叫丫鬟做事，套什么近乎？

你看不惯他那副高高在上的模样，很想拒绝，但转念一想，与人为善嘛，我助人为乐，帮了他，他一定会心存感激，这样我的人际关系就会融洽。

但他真会心存感激吗？实际上是你帮了他的忙，他还嫌东嫌西。你震惊之余，却又安慰自己：算了，生活不如意者十之八九，我就忍忍吧。于是，你开启了你的“忍者”模式。他却随随便便一句：谢啦，附带眼角一点点轻蔑的余光，毫不走心。

更不走心的是他的一言一行都表示出对你的冷淡和轻视，仿佛你天生就是供他使唤用的，而他热情巴结的对象永远不是你。

真的是太可恶了。你发誓下次一定不再帮他。

但几天之后，他又来找你帮忙，你心想大家都是同事，我如果拒绝了他，伤感情啊，算了，再帮他一回吧！接下来他态度依旧傲慢无礼。

你怒了，心说，下次再帮他我就不是人。

然而，下次，下下次，你还是忙着助人为乐，他还是忙着睥睨天下。

尽管你在心里掀掉了几百张桌子，但现实中你却连桌子的角都没有动上一动。你与人为善，对人温和，一忍再忍，他却蹬鼻子上脸，没一点儿眼色，踩着你的温和明目张胆欺负你。

你说这种人，可不可恶？

02

可能小时候我们普遍受到的教育是与人为善，才会有更多的朋友，人际关系也才和谐。长辈们也说吃点亏不要紧，做人要大度一点儿。还有一句鸡汤是这样说的：你对世界笑，世界才会对你笑。还有爱笑的姑娘运气都不会太差。

这些话说得太英明了，英明得让我们在现实里面被啪啪地打脸。

小学的时候，我严格奉行了我妈的教育——助人为乐。我很无私地把我的作业送给班上的一些同学抄。他们抄完了，对我说谢谢。我瞬间感觉到助人为乐的充实感，心中洋溢着温暖快乐之情。

他们后来再找我要作业抄，我就总是无私地拿给他们。但令我困惑的是，随着“帮”他们的次数越来越多，他们对我越来越不客气，越来越不感激，而且觉得理所当然了。

于是，后来的画风就变成了这样：

每到放学，他们就来问我作业做完了没？我表示做完了，他们就到我书包里一顿乱翻，然后直接拿了作业就走。我表示还没做完，他们就很不耐烦，你今天搞什么啊？都放学了作业还没做完？

他们押着我在乒乓台上做完了作业才放我走。后来，他们表示放学才可以抄到作业，太浪费时间了，命令我中午就把作业做完，这样下午他们就可以抄，回去后就可以玩了。

我表示做不到，他们很生气，威胁要和我绝交，还要联合班上同学孤立我。

我只好向老师告状。

结果就是：我莫名其妙地变成了一个“自私自利”的“好”学生，一点儿都不大方，很多人表示鄙视我。

从飞的故事听过吗？

当年歌手丛飞通过义演，资助了很多的贫困大学生。大学生们刚开始纷纷表示感激。后来，因工作太忙，压力太大，丛飞得了不治之症，只好停止了资助，因为他要治病啊。但大学生们却不干了。他们表示很愤怒：你明明说过要资助我一直到毕业，现在却说话不算话，骗子！

还有一个馒头店长的故事。

好心的馒头店长觉得有些清洁工吃不上早饭很可怜，于是就做了“爱心馒头”，免费送给清洁工们吃。人们刚开始表示感谢，后来吃惯了，就觉得理所应当了。再后来馒头店表示不能免费提供这份早餐了，人们就开始破口大骂了。

还看过一个新闻。

一个老人天天都要过马路去买菜，因为腿脚不便，眼睛不好，走得很吃力。有个小学生看到了，就每天等在那里，扶老人过马路。后来有几天小学生生病了没有来，再来的时候，老人却开始破口大骂，谴责人心不古，连小学生都变坏了。

这些事说明了什么？说明这世界上有一种人，你帮他一次忙，他会对你心怀感激。你帮他很多次忙，他就开始不把你当一回事了，甚至觉得，你帮他理所当然。

一个难得出手相助的人，偶尔帮你一次，你会感激涕零。另一个人每次都无条件帮你，满足你一切要求，你却可能并不感激，反而觉得他很贱。

这世界就是有一些“恩将仇报”的人，对这些人我们不能一味宠溺。

O3

如果，你总是一片热心帮了别人，别人却毫不感激，甚至轻视你，那你只要立刻停止帮助，回归你的高冷模式就行。但是，说起来不过一句话，为什么我们做起来却那么难？

很多人都说我知道啊，但每次事到临头，拒绝的话却无论如何也说不出口。你为什么会说不出口？因为你害怕。表面上你害怕得罪他，但实际上你怕的是孤独。

想一想，为什么他老是来找你帮忙，而不找别人？因为他认定了你不会拒绝。

你为什么不会拒绝？因为你待人温和。你为什么待人温和？因为你秉持以和为贵。你认为只有温和待人，才会显得自己没有攻击性，令人感觉友好，别人才会和你做朋友，你才不会孤独。倘若不温和，不友好，你就会令人讨厌，导致没人愿意和你做朋友。

但是，这个看起来无懈可击的逻辑，是错的！

看看我们周围，温和友好的人其实朋友并不多。甚至一些温和友好到几乎没脾气的人，还被冠以“老实人”的高尚头衔。

老实人是什么人？有时老实人几乎成了个侮辱性词汇，因为它代表的是这样一类人——智商有问题，怎么欺负他他都不会反抗反而还笑脸相迎的人。

还有一个近义词，叫老好人。什么是老好人呢？这样来解释吧：如果你经常开启的是高冷模式，不轻易帮人，偶尔帮了别人一次忙，那你就成了“好人”。如果你经常开启的是笑眯眯模式，对别人的要求都有求必应，帮了无数次忙之后，你就成了“老好人”。所以，如果你想做好人，你千万别轻易帮人。如果你想做老好人的话，那就有求必应，很快你名声就传遍了江湖。

下次当你不由自主要启用你的“常规温和”模式时，请立马告诉自己——那是错的！

你高冷，偶尔笑一笑，别人会记住你的笑。你逢人就笑，偶尔马个脸，别人就会记住你马脸。所以，正确的逻辑是这样：适度高冷，才会显得自己有一定攻击性，令人感觉不好欺负，别人才会和你做朋友。

04

知乎上有个网友举了个例子。

倘若你去买火车票，时间紧急，你准备插队。

这个时候，你是会选择去插一个慈眉善目，看起来似乎一直在微笑、很温柔的人的队呢，还是会去选择插一个凶神恶煞、嘴角向下、一看就满脸不高兴的人的队呢?

大家都懂得避重就轻，柿子当然是拣软的捏了。那么问题来了：屎也是软的，为什么大家都不去捏呢？呵呵。

屎虽然软，但它是臭的啊，你捏了它，弄得一手都是屎，体验好吗？柿子软，还香喷喷，越捏越舒服，捏了也没坏处，这样五星级的舒适体验，不捏它捏谁?

你心软没问题，但你软到没点脾气，就是你不对了。让想要捏你的人，闻一闻你的臭脾气，下一次他就什么都懂了。

这世上除了真正重要的几个人，没那么多人值得你去宠溺?

帮忙是情分，不帮是本分。你助人助到没有底线，长了别人的威风，灭了自己的尊严，累死不讨好，又是何必?

脾气，是你生而为人的权力啊。

世界很傲慢，你要很傲娇

01

拥有一颗异常敏感的心脏是种什么体验？

我觉得我可以来回答这个问题了。小时候，哪怕别人对我说话稍微大声一点儿，我都会不安。如果他看我的眼神再带点感情色彩，比如，冷漠、嫌弃、责备……我可以因此反省自己一整天。把那些细节翻来覆去地想，想知道究竟自己哪个地方没做好，才让他用这样的眼神来看我。

有一次，因为小舅没有给我发压岁钱，我伤心了很久。大人们都以为我是因为拿不到压岁钱买好吃好玩的东西，所以才伤心。只有我自己知道，并不是。压岁钱对我而言，并不重要。我认为小舅不给我压岁钱是因为不喜欢我。那他为什么不喜欢我呢？一定就是我的问题了，是我没有能力让他喜欢。于是，我成功地埋怨起了自己，得到了一种摧残式的挫败感。让我伤心了很久的，就是这挫败感。

几十年后，我再来看“当初那件小事”，才明白了小舅不给我发压岁钱的真正原因，和喜不喜欢我根本一毛钱关系都没有。那时，小舅经济非常困难，没有工作，养活自己都成问题，哪里来的收入给我发钱？我却因自以为的“他不喜欢我所以不给我发钱”这个逻辑，白白折磨了自己很久。

02

实际上，只要是性格敏感一点儿的朋友，都很在意别人对自己的看法。

曾有一个读者对我说，说他很在意别人的态度。他说，他和人接触的时候，只要对方表现得傲慢、冷漠、无礼一些，他就觉得自己很丢脸也很愤怒。

别人的行为态度往往会影响他一天的心情。他说了一件事：他去拔智齿，本来心情挺不错的，但因为到医院的时间迟了一点儿，医生就表现得特别不耐烦，态度极差。明明距离下班时间还有足足一个小时，医生却理直气壮地责备他，并声明马上就要下班了，叫他下次再来。其间，眼神各种藐视，语气各种讽刺，态度各种高大上，他觉得自己简直尊严丧尽，心头窝火，很想反击回去。但因为性格问题，他还是忍了。

之后，他左思右想，由医生的冷漠态度，又联想到以往接触过的很多人。然后，他发现他接触的人中待人接物温文尔雅的人竟然微乎其微，绝大多数都显得凶蛮跋扈，自私自利。

于是，他觉得这个世界上怎么这么多人都不善良？难道他们都不知道什么叫温和有礼吗？越想心情就越糟糕。因为这件事，他足足郁闷了好几天。

他说的事让我想起一个朋友，她买衣服从来都是网购。

为什么呢？因为她觉得到实体店去买衣服要看店员的脸色，还要忍受店员的各种催命式推销，感觉很无奈、心情瞬间烦躁，会破坏她一天的好心情。

她说她大学的时候有一次就是去实体店买衣服，结果店员理都不理她，在她表示想要试一试之后，还白了她一眼，居然说这个型你穿不出来。

这句“你穿不出来”足足堵了她大半年的心。之后，她就养成了习惯，什么都在网上买，想买什么就买什么，想穿哪个型就穿哪个型，所以她觉得网购很好，不用看那些奇葩店员的脸色。但网购的卖家秀买家秀的不同画风也让她很是头痛。

我还有一个朋友，她也很郁闷，因为她每次买了衣服，穿在身上去公司之后，总是会收获各种“不怀好意”的点评。特别公司里两个女同事，老是爱说一些挖苦的话来讽刺她。

她穿一件黑色的外套，女同事就会说，你会不会穿衣服？年纪轻轻穿得浑身黑，好死板的呢，又沉闷。

她买个新款的鞋，女同事会说，现在谁还穿这个款啊？真不适合你，你看我的鞋，又时髦又保暖又舒服。

她稍微化下淡妆，女同事会冷笑打量，说长这样还化妆，要不就说她想吸引谁的注意。

偏偏我这个朋友也很敏感，因此每次被女同事有意无意地说了后，总要郁闷好久。忍无可忍之下，她也回过一些嘴，但似乎不起作用，甚至有一回还把那女同事给惹怒了，于是之后更加口无遮拦。

而我这个善良的朋友还在反思自己是不是说话太过分了……后来，她竟然因此跳了槽。实际上她在那家公司做得挺好，大有前途。但只因为受不了女同事的毒舌，她就选择远离那家公司也实在太可惜了。

跳槽之后就好了吗？她所遇到的人就都会是真善美的化身了吗？真相是：无论你走到哪里，都不会是伊甸园。就算你摆脱了这个毒舌的女同事，下个毒舌的女同事也依然在不远处等着你。

就算你逃避了这个店员、这个医生、这个人的白眼，下个店员、下个医生、下个白眼也依然在转角处等着你。

你要逃避，哪里逃得了？

张爱玲说：生活是一袭华丽的袍，爬满了虱子。如果我们每被一只虱子咬了都愤愤不平伤心难过半天，那我们还怎么有余力欣赏到袍子的华丽？怎么有余力享受到穿上它的美妙感觉？

若虱子注定不能避免，为了不让它们咬，我们就只能把自己的皮磨厚，让它们咬不动。

虱子从不会咬皮厚的人。

03

大学毕业后应聘，我去一个学校试讲，自觉表现非常糟糕。

接待我的面试老师，突然把我给领到了一个正在上课的教室，要我在这里立刻试讲十分钟。那是一个阶梯教室，几百号学生意外地安静，目光一下子全部集中到我的脸上，随后纷纷打量我，对我指指点点，窃窃私语。

这个突发情况让我一下子把之前准备好的东西忘得一干二净。情势所逼，我只得带着空空的脑袋，硬着头皮走上讲台即兴发挥。

我小腿在抖，声音在抖，脸上肌肉也在抖，根本不知道自己讲了些什么。

试讲结束后，我只觉得丢脸无比。我认为自己差到底了，恐怕不会有其他面试者有我表现得这么可笑。我把自己想象成了一个笑话，我猜面试老师们在我走后一定会无情取笑，我猜学生们冷嘲热讽更是调侃不断。

我认为我的想象并非胡乱猜想，而是有事实依据的。因为面试老师全程面瘫，眼神冷静，因为学生眼里包含着明显的调侃和打量意味。为此，我消沉了好几天，认为自己定然没戏了，却意外接到了聘用通知。通知书上说，我表现得体，举止大方，讲的内容条理清楚，一看就是做了充分的准备，学生们的打分也较高。

what？这真的说的是我？

后来我入了职，把当时的慌乱当作笑料爆出来，我说我自信心受打击200万点，都快去跳楼了，曾面试我的老教师却表示很惊讶：你说的是真的？我们都认为你看起来很自信。

他说我当时还讲了个段子，让他们都笑得不行。

啊？有吗？

你看，这就是我们自己给自己编写的剧本。我们总是认为自己很糟，而别人都很优秀。但这并不符合事实。

想象力一直在欺骗我们。特别敏感的人，大多是想象力非常丰富的人。别人的一个眼神，自己的一次失误，在他们的想象里，总是会被无条件放大。

就像我小时候因为小舅没给压岁钱，我的想象力就很尽责地给我找了个根本不符合事实的理由，导致我伤心了很久。

还有因医生态度恶劣而影响了心情的那个读者，因女同事的毒舌而跳槽的朋友，都是因为想象力太过丰富，而给自己带来了不必要的困扰。

有时，你觉得别人不友善，很冷漠，你的想象力就会告诉你，是你的原因造成的。但实际上他的态度不能说明任何问题，或许只是习惯，或许只是面瘫，或许只是疲惫，或许是其他原因。

敏感的人，总认为他人的一举一动都隐藏着对自己的某种态度，所以他们说话会紧张，思前想后，一定要说出“毫无破绽”的话，但实际上，你真没那么重要，别人也没有这么细心。

不是每个人都将眼睛死死盯在你身上，所以你就算出一点儿错，也在情理之中，不是不可饶恕的罪过。就算有人看不惯你，看不起你，心里不爽的也是他而不应是你。

你没有责任因为别人的不爽，就舍己为人让自己陪着他一起不

爽。他人的任何态度，不过是你人生舞台上的一个布景而已，影响不到你分毫。

有一句话说，没心没肺活着不累。很多时候，你只需要做一只看着前方的单细胞生物，自己快乐就行了，又何必浪费精力去管他人眼光。

扛得住，世界就是你的

01

小时候，我很自卑。因为我是个女孩子，我生下来后没人愿意带我。

我妈抱着我去找外婆，我外婆说：我要带小杰。小杰是我大姨的儿子，比我晚出生几天。我妈又抱着我去找奶奶，我奶奶说：我要带小刚。

我妈好强了一辈子，但我是个女孩子这点一直让她觉得丢脸无比。

后来我大一些了，我妈就把我交给小姨。小姨那时十几岁，天天不上学在社会上混。她就是那个年代的小太妹。

一两岁的我常常跟在一群不良少年屁股后面跑。

有一次，一个不良少年问我小姨：她是谁啊？

我小姨说：我姐的女儿，甩都甩不脱。

不良少年就说：切，直接把她扔了嘛！

小姨说：我姐找我要人咋办？

不良少年看了我一眼，到现在我都还记得他那冷冰冰的眼神：东门不是就有河？把她扔到河里去，就说她自己要水淹死了嘛！

我之所以印象这么深刻，想必是那时感受到了极大的恐惧。我以为他们真的会把我扔了，所以拼命跟在他们后面跑。那种生怕会被遗弃，拼命追赶的恐惧，很长一段时间都深深印在我的脑海里。

我五岁的时候，外婆要带我去表弟小杰家里玩。

他家在另一个城，需要坐车。外婆相当高兴，在公路边买了几斤香蕉。当然，作为吃货的我对眼前的香蕉怎么可能视而不见。于是，我很乐观地想了一个自以为聪明的办法，我开始装肚子痛。在我的逻辑里，我肚子痛了 = 去不成表弟小杰家了 = 香蕉全归我了。

但是事情的发展往往会出乎人的预料。外婆果真被我的演技给迷惑住了，我们也的确没去成小杰的家。只是，作为罪魁祸首的香蕉，我连毛都没摸到一根。除此之外，我还挨了外婆一顿狠狠的臭骂。

臭骂完毕，外婆就把香蕉给收了起来，我怎么也找不到它。几天后表弟小杰在我面前津津有味地吃起那香蕉，而我只能艳羡地狂吞口水。

我的整个少年时期，都感觉自己不被人需要，不被人爱。只是因为我是女孩子。

但是，正因为我是女孩子，正因为我感觉自己不被人宠，不被人爱，正因为我知道自己不能靠刷脸、贫嘴、撒娇来获得我想要的东西，我才特别地努力。

那时，我那么努力地学习，只有一个理由。让好强了一辈子的我妈，可以在那些亲戚们面前自豪地说出一句话：我女儿又是第一名！

我要用成绩来打他们的脸，哪怕他们仍然不喜欢我。

02

一个网络社群里面，有个白领妈妈，事业相当成功，平时也是风光无限。

直到，有次话题说起了小时候的事。这个白领妈妈突然一改往日欢脱风格，说，她小时候过得相当凄惨，爷爷不疼，舅舅不爱，平时绝对属于全家多余的那一个，一到家里人有情绪要发泄了，她就成了不可或缺的存在。

她父母在外面都属于特别有修养有礼貌，说话从来轻声细语，脸上从来笑容满面的老好人，但一回到家，关上门，他们就完全变了。

比如，他们看不惯她畏畏缩缩的样子，转眼看见别人家的孩子笑得阳光灿烂，大方出众，两个耳光就直接扇过来；比如，他们被外人讽刺了，嘲笑了，回家二话不说，抓住她就一顿暴打。

过年她从来得不到一分钱的压岁钱。有次她哭着向她舅舅要一块钱的压岁钱，舅舅像一座泰山一样岿然不动，转眼却当着她的面把压岁钱给了她弟弟。

她心都碎了，可回家父母还嫌她要压岁钱丢了他们的脸，又是一顿打。

她回忆她小时候的生活，说那时候看到的外面的世界，颜色都是灰色的。

我问她现在还在纠结吗?

她说，其实仔细想想，要不是小时候他们对我这么差，让我从小就感觉自己不属于那个家，那个地方，我也不会疯了一般地努力，从小下定决心要逃离老家，最终凭借自己的本事，从那个小乡镇跳出来，走到这么广阔的天地里来。

她说，如果他们从小对我宠爱有加，我肯定不会有孤注一掷的决心，爆发出这么强大的能量。

很多时候，我们如此努力，只是因为失望。因为失望，我们不得不努力地寻找；因为失望，我们不得不逼迫自己，向前向前，走走走，走到更高更远的地方，看见更为广阔的世界，遇见截然不同的人。

因为你不爱我，不代表整个世界就没有人爱我；因为你不爱我，所以我还可以自己去寻找，寻找可以爱我的人，寻找真正爱我的人；因为你不爱我，所以我必须要走出去，离开你们，找到我真正的价值。

03

大概每个人都希望自己是被人喜欢的，被人爱的。

年幼的时候，我们渴望得到大人的认可。一句简简单单的表扬的话，就可以让我们欢欣得意许久。

等到十几岁，我们又渴望得到老师、同学的认可。一个欣赏的眼神，一句亲切的话语，就可以让我们心生无数能量，感觉自己真的好厉害。

二十几岁，我们又希望得到异性的青睐。似乎只要有人倾慕，便肯定了我们存在的价值。

只是，希望是美好的，却常常被现实打了脸。

很可能年幼的你，不仅没有得到大人的称赞和喜爱，一腔的热情还被人一再忽视践踏。

很可能十几岁的你做尽了一切，甚至放弃自尊，想要赢得同学的喜爱，却被他们嘲弄、孤立与不屑。

很可能二十几岁的你，喜欢上了一个人，怀着一腔的热忱向对方表白，付出了一切，最终却换来了对方无情的算计、捉弄、鄙视与欺骗。

你精心准备，无限珍视，热气腾腾的爱，就这样被深爱的人像垃圾一样弃如敝屣！

这个时候，说不伤心是假的，说不被伤害是假的，说不寒心是假的。我就见过一个35岁，身高一米八的职场精英，说起小时候受过的伤害，也忍不住像孩子一样泣不成声。

你要知道，并不是所有的人都是在爱中长大的。在有些人的成长过程中，遇到的冷漠、鄙夷、不屑、嘲弄、孤立、算计比爱多多了。

然而，又怎样呢？

强韧的神经，是经由无数次的打击才能历练而成。

正是因为你们的不爱，才能逼得我们背水一战，去努力寻求所爱，不至于被困在一个小小的环境里，享受着看似风平浪静，实则岌岌可危的“安逸”生活。从而得以看见更广大的世界，接触到更多和你们完全不一样的人。

正是因为你们的不爱，才会让我们永远不会因为失过一次恋，挨过一次批，受过一次挫折，就觉得天塌地陷，世界末日。

正是因为你们的不爱，才会让我们知道，要想得到，只能够默默努力，靠自己的力量和才智去争取。

正是因为你们的不爱，才会让我们如此拼命。因为只有拼命了，我们才有可能站在那些不爱自己的人面前，用厚厚一沓的成绩狠狠打他们的脸。

是的，我如此努力，就是想着有一天，可以让我妈有向别人炫耀的资本，让我的小孩有崇拜我的资本。所以，我要谢谢当初那些不爱我的人。

那个白领妈妈说过一句话：没有黑暗的过去，哪有现在的亮丽？

所以，假如有人不喜欢你，不爱你，不必苦恼，不必伤心。玉石都需要打磨才能绽放光彩，而打磨是肉的剥离，血的飞溅。有人不喜欢你，对你来说，不仅是一种疼痛，更是一种财富，一次难得的成长的机会。

所以，请珍惜每一次的伤害，因为伤害常常隐藏着重生的契机。

你弱的时候，坏人最多

01

最近，我有个大学女同学很烦恼。

事情是这样的：她们单位新来了一个女员工，刚好被分配在她所在的部门。这个女员工是个萌萌哒的女孩儿，大眼睛扑闪扑闪像洋娃娃，也很会讨人喜欢，经常拉着我同学赞个不停，“X 姐你好有气质！”“X 姐你好干练！”“X 姐我好崇拜你！”……

我同学乐得嘴都合不拢，对萌萌哒好感大增，两人就此成了好朋友，私下经常一起去逛街啊什么的。

有一天，萌萌哒突然带着她一车的家什来找我同学，说她最近和房东闹翻了。因为房东临时要涨房租，而萌萌哒觉得不划算，一气之下也不租了，问我同学可否在她家里住几天，等她找到新房子就搬出去。

我这个同学对朋友特讲义气，二话不说就帮她把东西搬到了自己家。

谁想，萌萌哒这一住就是大半年。有好几次我同学想要催萌萌哒抓紧时间找房，还没开口，那女孩就抓着她的手臂可怜兮兮地说：X姐，你再等等好不好，最近房子真不好找，麻烦你也不好意思，我保证一找到就搬出去……

这卖萌的功夫让我同学不心软也不行啊。

后来，我同学慢慢发现，这个女孩超级懒：换下来的内裤、袜子啊之类，经常就扔在一个篮子里，可以放十天半月都不洗；房间的地板也可以一个月不拖一次，到处都是灰尘和头发；家具上面灰尘遍布，垃圾遍布。

那毕竟是我同学的房间，作为一向爱干净的处女座，她简直不能忍啊。

可无论是委婉暗示、直接明示，还是拍着桌子显示，萌萌哒都一脸委屈与可怜：X姐，今天我有点不舒服，明天我保证打理一下，好不好？

当然，明天永远不会到来。

同学没办法，忍无可忍之下一咬牙干脆就帮她拖了地板，擦了家具，甚至还洗了她换下来的袜子、内裤！

萌萌哒感动得快要飙泪了：X 姐，你真好！能和你做朋友，真是三生有幸！对了，我肚子好饿，你上次做的红烧肉好好吃，我好想吃哦。

于是，一个小时后，萌萌哒吃到了我同学亲手做的红烧肉……

接下来，便是我同学不停帮萌萌哒打扫卫生、洗衣服、做饭的情节了……而萌萌哒每次都感动得要飙泪，每次都把我同学夸得天花乱坠，但除了听起来顺耳之外，并没有什么用。

同学很烦恼，问我怎么办？还能怎么办？撵人啊！

同学说，可萌萌哒毕竟是我的朋友，除此之外，她也没什么不好的地方。

我说，要么你就忍，要么让她滚，除此之外，还有别的办法吗？

02

虽然人是群居动物，虽然人离不开朋友，但真不是任何人都可以拿来做朋友的。

有些人，最喜欢打着朋友的幌子，以为她们自己服务为宗旨，收揽各种免费的工具。

我在女性堆里摸爬滚打几十年，在这几十年里，通过不断的遇见、不断的失败，我也总结了一些交友的经验，就是要学会看清哪类人值得交往，哪类人不值得交往。

现在把这些经验归纳出来，免费送给各位了。

第一类：你当她们是朋友，她们当你是小丑。

这一类人呢，经常以朋友的名义对你各种花样挖苦取笑，美其名曰开玩笑。

她们的挖苦必然是当着众人的面进行的，如果有男神之类的人物在场，那你就更惨了，她们对你花样嘲讽的灵感会如井喷般爆发。

比如，你只是有点胖，她们会说：你一笑我看到你整张脸都是肉。

你只是有点矮，她们会说：你觉得你有当演员的潜质，你演土行孙一定活灵活现。

你外形上面的缺点实在找不出来，她们也会说：你真可怜，也就是我肯和你做朋友。

你永远是她们可以随时随地取笑的对象。而她扮演的角色则是伟大的拯救者：你这么差，我还愿意和你做朋友，你该感激涕零。如果你对她们的挖苦取笑稍有不满，她们马上就会说：你怎么这么小气，一点儿玩笑都开不起？

这种人和损友的区别就在于：损友只在你们独处的时候口无遮

拦，而有外人在场时，最重要是有男神之类的人物在场时，她根本不会挖苦你，有时反而会维护你。而这种人完全相反。

对这种人有多远离多远。不要把时间浪费在她身上，如果你不想永远当小丑的话。

当然，这种人如果你故意疏远了她，她可能会怀恨在心，到处抹黑你。不过，只要你保持一个无所谓的态度，她们的各种行径，反而成了真正的小丑行为。

第二类：你当她们是朋友，她们当你是男友。

这一类人就是上文提到的萌萌哒一类的人了。这类人一般嘴甜得要命，卖萌的功夫达到专业级别。她们最擅长的就是蛊惑你，然后把你当成男友使唤。

自从和她们做了好朋友，你是不是一直在帮她做饭、洗碗、洗衣服、洗袜子、洗内裤、带外卖、买水果、取快递？……

恭喜你，你的男友力莫名其妙就爆棚了。

她们是娇滴滴的公主，你是五大三粗女汉子；她们肩不能扛，手不能提，只会可怜兮兮地看着你，你很爽快，袖子一挽“交给老娘！ All”！

等到有一天你身体不舒服，想要让她帮你做点事。她们很无辜很受伤：我不会做你还非让我做，你是不是我朋友？等到有天你想偷下懒没去帮她取快递，她开始大发脾气：这么热的天，你还让我去取快递，你是不是我朋友？

对这种人请语重心长地对她说一句话，自己的事情自己做。

明明大家都是成年人，为什么她就老是要 COS 生活不能自理的巨婴？再说了，你又不是她男朋友，你这么男友力爆棚，是为了以后好找老婆吗？

第三类：你当她们是朋友，她们当你是丫头。

如果前一类人把自己当公主，这一类人就常常把自己当女王。

温馨提示：如果你和女王做了朋友，请一定要自觉跪下，捡起她们华丽的拖尾，跟在她们身后做永远黯淡无光的陪衬。因为她们不许你穿得比她们好看，不许你化妆，不许你佩戴任何一个一不小心就显出了你优良品味的饰品。如果你的整体打扮特别不衬你的气质，特别不合你的身材，尤其是令你显得像个土气的姑娘，那将是她们最高兴看到的事情。此时，她们会眼睛放光地夸你这样的打扮，简直太赞了。

而当你穿上真正合身且衬你气质的衣服时，你放心，她们一定会不遗余力对你进行沉痛地批判。她们会语重心长地告诉你：你不适合穿这种衣服，你还是应该去穿 ×××。如果你没听她们的，继续我行我素，那恭喜你，你的衣服可能就会遭殃了。你会幸运地发现，你的那件特别喜欢的衣服莫名其妙就坏掉了，多了一个洞，袖子破了，等等，反正结果会导致：你再也无法穿它了。

对这种人请一定不要听任女王殿下们的摆布，请一定要花样美丽自己。当有一天女王殿下们发现你不再是她们的陪衬，甚至角色还有对调的危险时，请放心，她们离开你的速度一定比闪电还快。

第四类：你当她们是朋友，她们当你是随从。

这类人和前一类人的区别在于，她们不会介意你的穿着打扮。不只不会介意，她们根本就不在意。比如你们去逛街，她可以试个不停，每次都要询问你的意见，还不能少于500字。

好，你给出了真诚的意见。轮到你看中某件衣服要去试一下，可等你从试衣间出来，想要找她给点意见的时候，你放心，你根本不会看到她的踪影。你只试了区区几次，她就超不耐烦，说你动作慢，说你太麻烦。

你们要是去某地旅游，你上个厕所出来可能就找不到人，因为她根本不会停下来等你。

对这种人请立马换人。我是宁愿一个人，也不愿找这样的人一起。

第五类：你当她们是朋友，她们当你好揩油。

这类人，她们评判朋友的标准，就是看你有没有免费的利用价值。当她们认为你好揩油的时候，她们对你热情、包容、大方，简直是中国好闺密的典范。但是，当你遇到麻烦，陷入困境，需要她们帮助的时候，她们离开你的速度，放心，比闪电还要快。

她们打着感情的幌子来接近你，目的只是为了揩、揩、揩。

对这种人请保持距离，让她们知道，你的油不是那么好揩的。这种人其实最没有耐心，一旦一段时间内她认为没好处可捞了，她可是不会把珍贵的时间浪费在你身上的。

如果你遇上以上几种人，那么恭喜你，你没有必要再对她们付出自己真正的感情了。因为她们绝对不是把你当成真朋友的。那么你又何必勉强自己去忍受这种渣友的轮番摧残?

生活不易，且行且珍惜，毕竟我们活着不是为了伺候这些人的。珍贵的感情应该留给真正的朋友，除此之外的人，就让她们自己花样折腾去吧!

主子越多，欢心越难

01

很多读者认同我的观点，说看了我的文章，超有共鸣，但真的是下意识控制不住地放低姿态，多年来的习惯根深蒂固，应该怎么改呢？

我觉得三言两语难以说明白，于是专门写了这篇文章，算是对这些疑问做个初步解答。

首先，我们来引入一个心理学概念：讨好型人格。

这个人格概念是心理学家萨提亚提出的，她将人的人格特点分为五类：讨好型、指责型、超理智型、打岔型和表里一致型。

拥有讨好型人格的人，往往不自觉地有这样一个逻辑：“只有讨好别人，不与人发生冲突，投其所好，才能让别人喜欢我。只有别人喜欢我，我才能获得爱和温暖，并让自己生存下去。”

那么这种人格是怎样形成的呢？

回想一下你小的时候，你的父母长辈是不是经常对你说：如果你不听话，就没有人会喜欢你。

是不是你不小心做了一些错事，比如，在地上乱丢了东西把地面搞得很脏之类，父母长辈就对你严加批评、责备，或露出嫌弃、厌恶的表情？

讨好型人格，一般形成于幼时长辈比较严厉的家庭。因为只有达到了大人的要求，才会被大人所喜爱，所以这类人从小就习惯了通过观察大人的表情来调整自己的行为。

他们认为，只有自己的行为符合大人的要求，大人才会喜欢自己。小时候，把“让大人高兴”作为自己的行为准则。长大了，“让别人高兴”就成了自己的价值体现。他们不敢随意表达个人意愿，通常不会也不敢发怒，因为怕别人会“不高兴”。

在我们的传统文化里，“听话”“乖巧”属于褒义词。比如我妈从小就一直教育我“要听话”，所以我也曾经是“讨好型人格”。

现在她看到哪个小孩很听长辈的话，还会衷心夸赞一句：这小孩好乖啊。听某个广场舞舞友说起女儿对父母的话言听计从，回家都要酸溜溜地向我描述一番。潜台词就是：你看别人家女儿这么孝顺，你呢？

当然她的描述完全是对牛弹琴，徒劳无功。因为现在的我从不把听话与否、讨别人欢心与否，作为衡量一个人好坏的标准。

推翻自己“讨好”别人的习惯，我花了好几年。那么，如果你是讨好型人格，该怎么改变？让我们一步一步地来。

02

首先，你得从理智上推翻你潜意识里的固有逻辑。

讨好型人格的潜意识逻辑是——讨好别人→别人喜欢我→我获得别人的爱→我生存。

请你仔细地看看这个逻辑，你有没有发现它实际上很荒谬？它的荒谬之处在于：讨好别人，别人就会喜欢我。我获得别人的爱，我就可以生存下去。

请理智地告诉我，这完全就是扯淡，有没有？这个逻辑之所以荒谬，是因为它是你小时候的逻辑（讨好大人，我就可以获得大人的爱，我就可以生存）。

而现在你已经长大了，你不再是只有依靠着大人才可以生存下去的小孩子。所以，正确的逻辑应该是别人喜不喜欢我，和我讨不讨好他没有一毛钱的关系。我自己能够生存，完全不需要依靠别人。

别人在我的生存大事里不会起到举足轻重的作用。

好了，现在你知道你潜意识里“讨好别人”的逻辑完全是扯淡。所以第一步，请你重建你的这个固有逻辑。在你下意识想要“讨好”别人的时候，告诉自己，讨好别人并不能使自己得到他人的喜欢，况且你不需要得到他人的喜欢，也可以生存下去。

来，跟我把“唯我独尊”这个成语一起念上三遍。

你之所以小心翼翼，是把他人看得太重，把自己看得太轻。你之所以把他人看得那么重，是因为你小时候形成的逻辑在告诉你：失去他人的喜欢会对你的生存造成威胁。而现在，你已经长大了，他人的不喜欢对你而言，已经根本不会影响到你的生存。所以，你现在完全可以主宰你自己。

从现在开始，请把你自己看成宇宙中心，谢谢。没错，就是宇！宙！中！心！

我知道你心里又有质疑了，什么？把自己看成宇宙中心，这会不会太过？让我告诉你，一点也不过。只有先把自己看成宇宙中心，形成唯我独尊的心态，你才能慢慢改掉你小心翼翼的习惯。

不要去想自己太唯我独尊了，身边的人会不会感觉不舒服。你就是把身边的人的看法想得太多了，才会做什么都小心翼翼。所以，你必须得先学会重视自己。

如果你要去完成一件事情，你需要做的，不是去想别人满意不满意，还有会不会有人反对。你只需要问你自己，想不想去做，喜不喜欢？你喜欢就行了，你想做就行了。

请宠爱一下自己，宠爱一下自己又不会死。宠爱一下自己，世界也不会因此而毁灭。你要学会把习惯性地优先考虑别人看法，慢慢转变为习惯性地先考虑自己的看法。

还有一点，你千万不要放飞自我，要积极地去提升自我价值。

你可以找一个你喜欢的领域，去进行垂直发展。比如钻研一门语言，学一门特长。想想你喜欢做什么，投入地去做你喜欢的那件事。或者给自己定个行业目标，努力完成这个目标。

在某一个领域里，通过自身努力获得一定的成就，可大大加强你的安全感，让你更深入地体会到，你才是自己的主人，你不需要依靠任何人就可生存。

相信我，披上成就比穿上奢侈服饰更能让你感受到强大的自信。同时，你取得了成就，也提升了你的自我价值。自我价值被提升了，别人也就会对你更加友好。也就更进一步推翻了你潜意识里的荒谬逻辑，即讨好别人才可获得别人的喜欢。

请你狠狠打这句话的脸，把它抛弃，去记住下面这句话：成就就是气场（请一定要念三遍）。

从一定意义上来说，讨好别人，意味着一种捷径。不管它本身多荒谬，但人总是以为多说两句好话，把姿态放低点，就可赢得自己想要的。说说好话和放低姿态相比漫长的自我价值提升过程，的确只是动动嘴皮、做做表情的轻松事情。但你要相信，要想得到他人的尊重和喜爱，讨好只会让你在他人面前显得更加卑微而已。

所以，从今天开始，收起你那双擅于察言观色的眼睛，收起你那敏感多疑的心思，把注意力更多地放在自己身上。

人性是经不住考验的，把你对别人好的功夫放在自己身上，不偷懒，不放弃，坚持自己，做你自己世界里耀眼的主角。只有你自己成了你人生的主角，你才会真正赢得他人的喜爱和尊重。

需要补充的一点，是你一定要坚持。或者你会遇到很多阻碍，会有人对你进行夸张的批判，说你太自我。这个时候，请你一定要理性思考是非对错，不要因为别人一点儿批判就全盘否定自己，坚持做自己认为是对的事情。能够顶得住压力才会有魄力好吗？

以上的建议，给大家提供参考。请各位挑选对自己有用的来采纳，不用和我客气。

主动的人，赚到人生的主动权

01

我以前刚当老师的时候，做过一个班的辅导员。

有一天，我和几个老师正在看电影《午夜凶铃》。观影气氛正好的时候，有个学生突然打电话过来，说她不想活了，要去跳楼。说话的语气非常激动。

我吓惨了，赶紧跑到她宿舍去。

那女生泪流满面，一脸的生无可恋，心如死灰，说：老师，我真的不想活了，生活太艰难了，活不下去啊……

我问她到底什么事，是不是失恋了，男朋友劈腿了，被有妇之夫纠缠，怀孕了，流产了……

女生惊恐地看着我：老师，我还没谈过恋爱呢。

原来，这个女生的妈妈非常强势，她自幼就活在她妈妈的专制统治之下，从来不允许有任何一点儿自我意见。

她妈妈管她管到什么地步呢？

她穿的所有衣服鞋子，都必须按照她妈妈的审美来，连一个小饰品都不放过；对于她的发型，她妈妈也有一套严格的审核标准，比如，一定要扎上去，按照某种方式捆起来，橡皮筋用错了都不行；甚至读大学之前，连用什么牌子的姨妈巾，穿什么样式的内裤，她妈妈都要干涉。

在她妈妈“无微不至”的照顾之下，我欣慰地看到，这个18岁花季少女，像是从几十年前穿越来的一样，浑身上下都散发着浓郁的中年妇女审美风。

因此，她经常被室友们取笑，自己也很自卑。她很羡慕那些自由自在的女生，想要改变自己。于是，她和同学一起去买了很潮的衣服，寒假的时候勇敢地穿在了身上。

就是这么一件小事，她妈妈就发飙了。

她妈妈说：“天啊，你看你这是什么奇装异服，丑出天际还正大光明穿在身上？”“你马上给我脱下来！”“什么？你不脱？”“我怎么生了你这样一个女儿，你是要把我气死啊，我辛辛苦苦把你养大，就为了让你这么大声对我说话……”（此处省略一万字和一万斤口水）

本来女生还想坚持一下的，但她妈妈不停唠叨不停唠叨不停唠叨……最后，她只得妥协了，然后她妈妈满意地笑了。

好吧，这是一件小事，她也忍了。

令她想要跳楼的是这样一件事。

之前，她读什么大学，报什么专业，完全是她妈妈给她决定的。可是，进了大学之后，她发现她的兴趣完全不在本专业上，她的兴趣是编导。

于是她说，她要换专业。

结果可想而知，她妈妈坚决不允，还放言：你翅膀硬了是不是？敢跟父母作对？你懂什么！

她气炸了，觉得这辈子都逃不脱她妈妈的掌控了，想想自己的人生都做不了主，还有什么趣味？她心灰意冷，想干脆死了算了。

当然，最后她没死成，学校针对她的情况派我主动和她妈妈联系了，各种劝说她妈妈要尊重孩子的兴趣，这才总算把她妈妈说通。

但除了这点，她妈妈在其他问题上，依然寸步不让。

每年寒暑假她都要换上符合她妈妈品味的衣服回去，回学校后再换回来，好像在玩变形记。

她说："每次看到她妈妈满意的笑容，她都觉得好搞笑。"父母自以为还像小时候一样，掌控了孩子的一切，但实际呢？

02

其实我自小也生长在一个相当专制的家庭。但和其他专制家庭不一样的地方在于，我家的专制专制得特别平等。平等的地方体现在我爸有我爸的霸权主义，我妈有我妈的霸权主义，他们谁也不臣服于谁。所以他们的日常就是吵，吵，吵，但直到吵完他们也没有达成任何协议，依然各持己见。

一旦他们吵起来，我爸就要求我无条件站他那边阵营，我妈就要求我无条件站她那边。

但我也有自己的意见啊，结果就变成了我被两方夹攻。他们说不过我，就开始一起骂我，用的理由无非是：敢跟大人顶嘴？没样子！

直到现在，我爸秉承的理念依然是：长辈说话，小辈就不能插嘴，不能有意见，只能听着，无条件接受。而我妈则擅长诉苦：辛辛苦苦把你养大，你就是这样对我说话的？你就是这样忤逆我的意见的？唉，我心都伤透了。

以前，我不吃我爸的训斥，但很吃我妈的诉苦。只要她一诉苦，我就感觉自己有罪，只得无条件妥协，哪怕明知她是错的。于是，在不知不觉中，我的人生被他们的意见给支配了。

比如，大学毕业后，我本来是想要找更符合自己兴趣的 A 方向工作，但是我妈坚持认为，A 方向的工作特别不稳定，工作量也大，所以她一定要我去找 B 方向的工作。

父母给出的理由是：听我们的没错。我表示不想去，我妈就开始诉苦：辛辛苦苦把你养大……

于是我只得去了。

干了几年，无法忍受，最终还是从机构里跳了出来。我爸妈为此大发雷霆，觉得我变坏了。

我还有一个朋友，她妈也超级专制。

朋友买房子，要搞装修，她自己找装修公司设计了几套方案。她妈听说了，千里迢迢从外地赶过来，看了拿出的几套方案之后，表示必须全部推翻，按照她的设想来装。

我朋友："妈，这套房子是我住啊。"

她妈："我知道啊，按我的来，绝对没错，不然你迟早后悔。"

我朋友早已经敲定方案，并付了定金，马上都要开工了，这一推翻，得搭上多少时间精力进去啊。朋友表示耗不起，不接受。

她妈于是开启了碎碎念模式，做一个柜子也念，换一个灯泡也念，反正中心思想就是哪哪都不行……

完工一年了，她妈居然都还在念。那天打电话还在说，你那个马桶不卫生啊，我跟你说，你还是换成蹲式的……

朋友也是无语了……

03

明明早就已经结婚生子，但父母还总喜欢把你当小孩，什么事情都要来指点一番。

如果光是指点也还罢了，怕就怕只要你不听他们的意见，不采取他们的建议，他们要么大发雷霆，要么泪眼婆娑，总之软硬兼施，一定要逼得你按照他们的要求来。

有多少人还受着这样的困扰？你知道他们其实是爱你，想你好，但这份爱，却着实让人感觉透不过气来。

父母总喜欢把子女当小孩，却没有意识到，这个小孩早就已经长大了。不只是身体，他的人格也长大了，完全可以自己支配自己。

他有独立人格，有自己的思想，自己的喜好，自己的追求。他是个独立的个人，不是属于任何人的物品。这个时候，倘若还像小时候一样事无巨细务必要他一一听从，除非他甘愿做个没有灵魂的提线木偶，否则，真的无法不受困扰，无法不抗拒。

子女一旦抗拒，很多传统型父母不仅不会感到高兴，反而会认为，孩子“变坏”了，所以他们往往会以更加强硬的态度，企图压下子女们的抗拒。

像我那个学生，她的妈妈什么事情都要亲自替她决定，她以为是为女儿好，但实际上，她的所作所为一直都是在不停告诉她女儿，妈妈不相信她的审美，不相信她的选择，换句话说，是在一次次否定她女儿的能力。

所以，那个女学生其实一直都很自卑。

似乎很多的父母都认为，孩子只需要爱，不需要尊重。什么东西只需要爱，不需要尊重？

宠物。宠物最听话，你叫它做什么它就做什么，因为它不是人，没有思想，没有人格，你的命令，它无条件服从。但孩子不是宠物啊。为什么就不能把子女当成是一个独立的人来尊重一下呢？

尊重一个人的意见，尊重一个人的想法，尊重一个人的喜好，尊重一个人的追求……这些才是尊重一个人的正确方式。

人需要爱，但是也需要自由。两者同样重要。其实，很多父母未必不懂，只是很难做到。

我觉得最难的爱人方式，就是父母爱子女的表达方式。

以前我和女儿看纪录片《我们出生在中国》，看到大熊猫妈妈看着熊猫宝宝终于学会爬树、无言告别的那一幕，心内顿时五味杂陈。

有一句话：世界上所有的爱都是以在一起为目的的，只有父母对子女的爱，是以分离为目的的。也许我们可以故作洒脱，但这份分离真的让人难受且不容易做到。

可是，只有将这份不舍与牵挂藏在心里，潇洒地把孩子推向自己的人生之路，这才是真正最为深沉的爱吧。

每个人都有自己的人生，尊重一个人的人生，就是给予他最为深沉的爱意，也是给予自己的最为深沉的爱意。真正的爱应是我们互相注视，但我们的人生各自负责。

事无巨细都要强加干涉，那不是爱，而是自私的占有。

拒绝是通往幸福的通行证

01

大学时认识个女生F，很有男生缘。从外表上看起来F的长相属于不惊艳的那种，但整体给人感觉很舒服，不少男生对她表示有好感。于是军训结束后不久，F就开始和一个男生W在一起了。

是W疯狂追求的F。他们两人站在一起，我们就是不想皱眉，也情不自禁会皱眉。W其貌不扬，没身高，没长相，看起来还有点猥琐，性格也一般。这让很多对F有好感的男生纷纷大跌眼镜。F后来坦言：她实在是受不了W的死缠烂打，才同意和他在一起的。F无论走到哪里，W都像扯不掉的口香糖一样不离不弃。没办法，W同学实在是太热情了，比冬天里的一把火都还要热情，让善良的F实在不忍心拒绝。于是F“只好”和他在一起了。

和 W 在一起后，善良的 F 同学从刚开始的勉为其难，到后来也渐渐接受了。然而，W 的渣属性却渐渐显露了出来，当初追 F 有多热情，如今他到处撩妹子便有多热情。F 的第一段感情便就此画上了句号。

还没等 F 伤感几天，她第二段感情便又轰轰烈烈开始了。同样是男生狂轰滥炸追的她。因第一段感情陷于恍惚之中的 F 才刚清醒过来，就赫然发现自己已经成为另一个男生 S 的女友。F 表示，她真的一点儿也不喜欢男生 S，但 S 的诚意既然这么足，她便只好“顺其自然”了。F 成为 S 的女友没多久，在 F 表示“快要找到状态”的时候，他们又分了。

她第三段感情也依然延续之前的模式。就这样，F 谈了好几次恋爱，但没有一次是为“她自己”谈的恋爱。你问她为什么明明不喜欢那些男生，却还要答应他们的追求。她的回答是：看着他们诚意满满的样子，她实在不忍心拒绝。于是，她很配合地和那些男生谈了很多次“别人的”恋爱，忙到一直“没有时间”去谈她自己想要的恋爱。

有一次她觉得自己很喜欢一个学长，但此时她正很“配合”地和某个男生在“恋爱”。F 于是陷入了烦恼之中：虽然一开始就不喜欢那个男生，但她觉得自己又不能半途抛下男生，分手的话她努力了很多次却无论如何也说不出口，于是只好放弃学长。这看起来很不可思议，但在我们的生活中，像 F 一样的人，却是实际存在的，甚至随处可见。有些人“来者不拒”，并不是因为他们贪心，而是因为他们真的做不到拒绝。

02

总有一些人，要他们说出拒绝的话，做出拒绝的行为，比上天还难。他们总是说：别人那么好、有诚意、相信我……我怎么能拒绝他呢？看起来他们真的很会为他人着想，善良，很好相处，一点儿也不“自私”，所以他们的人一定过得也很好，真的是这样吗？

实际上，一个人太过于注重他人的需求，就必然看不见自己想要什么。就像那个女生 F，她总是不忍心拒绝别人，总在考虑别人想要什么，但如果问她你自己想要什么，她就会一片茫然。甚至她会说别人好就够了，我自己要什么不重要。

看起来真的很伟大啊，只要满足别人就好了，自己的需求无关紧要。很无私，很奉献，有没有？但实际上呢，人作为一个超级自恋的动物，是不可能有全然无私的行为的。你没有看到自己的要求，你没有满足你自己，你必然就会不舒服。哪怕你嘴上说着无关紧要，但你内心深处也必然是躁动不安的。

你没有满足你内心的真正需求，你的内心就会来惩罚你，让你觉得委屈、不开心，甚至是痛苦。你以为自己很宽容，你以为自己很无私，然而根本不是这样。

数年前我一个男性朋友 H 谈了一个女朋友。这个女朋友是通过相亲认识的，H 其实内心不是很喜欢这个女朋友，但无奈这个女朋友对他相当地好，天天对他嘘寒问暖，做了饭送到他公司，给他洗衣服，过节送他礼物……他觉得，面对着一个活生生的中国好女友教科书他居然还嫌弃，实在是太不知好歹了。于是，尽管不是很喜欢这个女孩，但想到她对自己是一片真心，他实在狠不下心来拒绝，两人就一直这么处了下去，直到结婚，直到生了小孩，他原以为这么久的时间，足够他喜欢上她了吧？然而并没有。

随着时间的流逝，他不仅没有喜欢上她，反而还更加嫌弃她了。他老婆吃饭的时候总喜欢无意识地抖脚，这本是一个小得不能再小的习惯，但在他眼里，却一天比一天大，直到令人厌憎的地步。她性格上、脸上、身材上，甚至说话的语气上的小缺陷在他眼里都仿佛变得无穷大，他只觉自己天天被它们压得喘不过气来。然而另一方面，却是他好人的良知在不停责备他：她对你这么好，你居然还嫌弃她，你还是不是人？这时，他才意识到自己当初犯了一个多么大的错误。

当初，他面临着一个选择：要么伤害她，要么委屈自己。他以为自己足够“好”，好到可以忍下所有委屈，所以他选择了后者。他以为既然已经做出选择，这个令人头痛的选择题就永远不会再来烦他。数年后，他才发觉自己依然面临着同样一个选择。每一天、每一小时、每一分、每一秒他都得不停地做这同一道选择题。

而随着时间的累积，这道选择题的分量将会越来越重，他也越来越痛苦，越来越煎熬。这就是“不懂拒绝”的代价。

03

在我们的生活中，为什么会有那么多“来者不拒”的人？分配给你的不合适的任务，哪怕再影响你的生活，你也无法抬头向对方说一个“NO”字；团队的意见，哪怕再与你相左，你也无法勇敢地表达出自己不同的见解；女同事的暧昧，你明知不妥，却又怕伤了对方的心而迟迟不敢表态，最终引火上身；男同学的追求，你明知并不合适，却又觉得斩钉截铁拒绝别人实在太过残忍，最终陷入身不由己的旋涡；亲友的逼婚，你明明不想，却又怕让父母伤心无法狠心拒绝，最终只好以自己的幸福作为代价来妥协……

之所以来者不拒，就是因为我们总下意识认为：拒绝别人的“好心”是不好的行为。

为什么我们认为拒绝别人的“好心”就是不好的行为？因为我们大部分人从小就被教导：“你不能怎样，你必须要怎样，为什么呢？因为我是为你好。”

所以，我们早习惯了这样的模式：因为他是为我好的，所以我便不能对他说“不”。“为你好”三个字轻轻松松就剥夺了我们说“不”的权利。你看，我都已经这么为你好了，你如果说不，那你就是太不道德了！

这种模式很容易就泛化为：既然他人这么好，那么我怎么忍心拒绝他？因为他人很好，所以我拒绝他，就是我的错；因为他人很好，所以我拒绝他，就是我很坏。似乎拒绝一个好人，就意味着自己不善良。然而真是这样吗？

他人的“好”，和你内心真正想要的东西，真的有关系吗？为什么这个人这件事“很好”，我就必须得说服自己心甘情愿去“要”他，不然就是“坏”？

事实上，你想要的，和那些很“好”的，或许根本就是两码事。你想要的或许不是“好”的那些，你想要的其实就只是你想要的。无视内心所需，只为满足他人的想法，你的世界就真的会好吗?

未必。

真正的幸福永远是你好，我好，大家好。只有你好，而我不好，那么最后的结局总是逃不了大家都别想好的宿命。懂得在合适的时候拒绝，也就是替自己拒绝了一种痛苦的生活方式。你总是模棱两可、来者不拒，那也就等于在向无数痛苦敞开大门。在清楚地知道自己并不需要的时候，能够抬起头果决地说出“不”，或许才是对人对己最为善意的温柔举动。

一个人拒绝的能力，其实在某种程度上，是和他获取幸福的能力密切相关的。

图书在版编目（CIP）数据

你有多努力，就有多自由 / 清蓝著 . —北京 : 现代出版社 , 2018.4

ISBN 978-7-5143-6813-0

Ⅰ . ①你… Ⅱ . ①清… Ⅲ . ①成功心理—通俗读物 Ⅳ . ① B848.4-49

中国版本图书馆 CIP 数据核字（2018）第041053号

你有多努力，就有多自由

著　　者　清　蓝
责任编辑　赵海燕
出版发行　现代出版社
通信地址　北京市安定门外安华里 504 号
邮政编码　100011
电　　话　010-64267325　64245264（传真）
网　　址　www.1980xd.com
电子邮箱　xiandai@vip.sina.com
印　　刷　吉林省吉广国际广告股份有限公司
开　　本　880 × 1230　1/32
印　　张　8.25
版　　次　2018 年 6 月第 1 版　2019 年 6 月第 2 次印刷
书　　号　ISBN 978-7-5143-6813-0
定　　价　39.80 元
